江苏省社会科学基金项目（批准号：13JYB006）
苏州科技大学师资培养科研资助项目（批准号：331732001）

性别偏差态度研究：
基于内隐与外显双系统解析

贾凤芹　著

苏 州 大 学 出 版 社
Soochow University Press

图书在版编目（CIP）数据

性别偏差态度研究：基于内隐与外显双系统解析 / 贾凤芹著．—苏州：苏州大学出版社，2018.6

江苏省社会科学基金项目（批准号：13JYB006） 苏州科技大学师资培养科研资助项目（批准号：331732001）

ISBN 978-7-5672-2456-8

Ⅰ．①性… Ⅱ．①贾… Ⅲ．①性别差异－研究 Ⅳ．①B844

中国版本图书馆 CIP 数据核字（2018）第 102873 号

性别偏差态度研究：基于内隐与外显双系统解析

贾凤芹 著

责任编辑 周建国

苏州大学出版社出版发行

（地址：苏州市十梓街 1 号 邮编：215006）

镇江文苑制版印刷有限责任公司印装

（地址：镇江市黄山南路 18 号润州花园 6-1 号 邮编：212000）

开本 700 mm×1 000 mm 1/16 印张 11.5 字数 201 千

2018 年 6 月第 1 版 2018 年 6 月第 1 次印刷

ISBN 978-7-5672-2456-8 定价：38.00 元

苏州大学出版社营销部 电话：0512-67481020

苏州大学出版社网址 http：//www.sudapress.com

前　言

随着内隐社会认知的兴起和双重态度理论模型的提出，内隐态度越来越引起研究者的关注。开发并采用灵敏的内隐方法和信效度较高并能探测到微妙反应的外显方法，即对性别偏差态度进行内隐和外显双系统解析，以期达到比较全面地了解性别偏差的目的。在社会文化日益多元化的现代社会，表达偏差态度的方式与试图压抑的动机之间所存在的复杂关系也需要进一步澄清，以揭示处于意识层面的意志努力对于外显态度和处于无意识层面的内隐态度所起的不同作用。持有偏差态度可能导致消极的认知与行为后果，而持偏者的表现形式与程度、动机特点，以及所处的外部情境都可能是影响行为的重要因素，需要进一步探析。个体知觉到遭受偏见，即受到内群偏见威胁时对自尊和情绪的影响，以及对内、外群体态度的变化也需要进一步探讨。接下来就涉及实践问题——如何对性别偏差态度进行有效干预。在意识或行为方面的改变，能否减少或改变根深蒂固的性别偏差态度？本研究试图通过教育干预现场实验来回答这一重要问题。

本研究选取具有高生态效度的实验材料和研究场景，综合运用自我报告法、内隐测验法、情境实验法和教育干预现场实验法，对大学生内隐与外显双系统的性别偏差态度进行了研究，并对干预效果进行了评估。本研究依次考察了当代大学生内隐与外显性别偏差态度的现状、两者之间的关系以及性别偏差态度的结构；无偏反应动机与偏差的表现形式及程度之间的关系；性别偏差态度的表现形式、程度、动机及情境对于偏差持有者认知与行为倾向的影响；知觉到偏差威胁对于个体自尊、情绪及行为反应的消极后果以及教育干预实验对于减少大学生性别偏差态度的成效等问题。在充分证实性别偏差存在的基础上，从内隐与外显双系统角度解析了性别偏差态度的现状及影响因素，以持偏者和受偏者心理为两条主线对性别偏差态度可能导致的消极后果进行了分析，最后通过现场实验研究证实了课堂讲授加团体辅导的多元化训练形式对于减少外显偏差态度的有效性。本研究得到如下结论：

（1）大学生现代性别偏差态度调查问卷包括婚姻家庭、父母角色、职业、社会行为以及教育五个维度，通过验证性因素分析证实了理论结构的合理性。大学生现代性别偏差态度调查问卷具有良好的信效度，可以作为评估性别偏差态度的有效工具。

（2）当代大学生外显性别偏差态度由公开敌对转化为隐蔽否定，善意性别偏见普遍存在。当代大学生对女性的社会行为方式和教育持有比较严重的性别偏差态度。男大学生比女大学生表现出更多公开敌对的性别偏差态度。

（3）当代大学生普遍存在内隐性别偏差。男、女大学生互相持有内隐偏差态度，揭示出在内隐性别偏见领域存在内外群体效应。内隐测验法比外显测量测得的偏差程度更高。内隐性别偏差态度与外显性别偏差态度是分离的结构系统，两者相对独立。

（4）当代大学生无性别偏差态度反应的内部动机强度高于外部动机；女大学生的无性别偏差态度反应内部动机高于男大学生。无性别偏差态度反应的内部动机对内隐和外显性别偏差态度具有显著负向预测作用，内部动机越强烈，外显与内隐偏见程度越低。揭示出意志努力对于外显和内隐性别偏差态度均具有显著预测作用。

（5）情境是影响行为的重要变量，竞争情境下持偏者对女性的态度和行为倾向更加消极。善意性别偏差态度与对女性管理者的积极评价密切相关。内隐性别偏差态度是预期行为的显著变量。当今社会女性在职场中依然要面对玻璃天花板效应。

（6）内群体偏见知觉与个体自尊之间呈正相关关系，当个体面临内群体偏见威胁时通过重新肯定自身价值或对高地位群体的认同来重获自尊。当面临内群体偏见威胁时，个体的态度倾向更趋消极；而面对内群体价值提升的状况，个体的态度和行为倾向则变得积极。

（7）课堂讲授加团体辅导的多元化训练方式可以有效减少被试外显性别偏差程度，但对减少内隐态度作用不显著，进一步揭示出内隐态度具有稳定、持久和不易改变的特点。

目　录

第一章

绪　论

1　研究背景与意义

1.1　研究背景

性别角色态度（gender-role attitudes），是指人们对男女两性在社会行为、活动及任务等方面的平等程度知觉及所持有的态度倾向。性别偏差态度，即性别偏见，它将男女两性的社会角色固化，并把男女的差异夸大为男优女劣。性别偏差态度是人类社会诸多偏见中最普遍和最常见的表现形式，它不仅为某些男性所持有，也在一部分女性的认知中根深蒂固。由此可能导致歧视女性的行为和一系列社会问题，如拐卖妇女、对女性实施的性骚扰与家庭暴力等。近年来，伴随社会经济体制改革以及社会转型期的出现，我国妇女处境整体进步。然而，与男性处境相比，两者差距却进一步扩大（蒋永萍、姜秀花，2006）。了解性别偏差态度在当今社会中的表现形式，表现程度，持有偏差态度可能导致的认知与行为结果，以及如何减少性别偏差态度，对于个体有效克服根深蒂固的性别刻板印象，更加灵活地适应社会环境，充分发挥个体潜能，从而营造更加平等和谐的性别文化氛围具有重要意义。

1.2　研究意义

通过对大学生内隐与外显性别偏差态度双系统的解析，全面了解当代大学生性别偏差态度状况；深入分析内隐与外显性别偏差态度之间的关系，并构建性别偏差态度结构模型，进一步明晰内隐与外显性别偏差态度之间的关系；通过考察无性别偏差态度反应动机与外显、内隐偏差态度之间的关系，揭示处于意识状态的意志努力对外显态度和处于无意识状态的内隐态度的作用；考察偏见类型、情境、动机对于偏见行为倾向的影响；

探析内群体偏见知觉对于个体态度与行为倾向的影响。以上研究丰富了社会偏见研究领域的内容。

本研究的实践意义在于通过对大学生性别偏差态度的了解，以及通过现场实验法考察教育干预对于减少内隐与外显性别偏差态度的作用，为青少年健康人格教育提供依据，为我国青少年克服性别偏见提供可参照的课堂教育模式。通过教育干预旨在使个体的认知更加灵活，克服根深蒂固的性别刻板印象，减少性别偏见。

2 研究方法与思路

2.1 研究对象与方法

2.1.1 研究对象

考虑到大学生为当前社会中受教育程度较高的成年人群体，他们对于社会现象具有较深刻的认识，对于社会问题具有较深入的理解，并且形成了比较稳定的社会态度，因此，本书以大学生作为研究对象。要深入了解性别偏差态度这一复杂的社会心理现象，需要采用灵敏高效的研究方法。本书综合采用问卷调查法、内隐联结测验法、情境实验法及现场实验研究法对性别偏差态度进行分析和挖掘。

2.1.2 研究方法

（1）问卷调查法

自编信效度较高的大学生现代性别偏差态度调查问卷。采用该调查问卷及敌意性别偏见和善意性别偏见调查问卷，考察当代大学生外显性别偏差态度表现形式及程度。将外显性别偏差态度分为三种类型：公开敌对型、微妙隐蔽型和善意否定型。并分析个体背景变量对于外显性别偏差态度的影响作用。采用问卷调查法分别考察无偏反应的内部动机、外部动机对于内隐偏差和外显偏见态度的影响作用。

（2）内隐联结测验法

采用IAT研究范式考查当代大学生内隐性别偏差态度的状况，分析背景变量对于内隐性别偏差态度的影响。采用相关分析法，分析并比较内隐与外显性别偏差态度的联系和区别，并构建性别偏差态度结构模型。

（3）情境实验法

采用模拟情境的实验方法考察持有性别偏差态度可能导致的认知与行

为偏差，以及知觉到自身遭遇性别偏见对于个体态度与行为倾向的影响。

（4）现场实验研究法

采用现场实验研究，通过课堂讲授加团体辅导的多元化训练方式对大学生进行一学期的教育干预，考察干预后果，分析减少性别偏差态度的有效途径。选取两个班级分别作为实验班和控制班，采用课堂教学方式，进行一学期的性别平等观念教育及团体辅导。课堂教学中通过讲授性别平等知识提升大学生的认知能力，通过团体辅导提高其实践操作技能及改变其行为方式。实验结束后对内隐与外显性别偏差态度进行重新测量，并请学生就效果进行评价反馈。最后评估教育干预对于减少内隐与外显性别偏差态度的不同效果。

2.2　研究思路

本研究选取具有高生态效度的实验材料和研究场景，综合运用自我报告法、内隐测验法、情境实验法和教育干预现场实验法，以大学生为研究对象，对内隐与外显双系统的性别偏差态度进行研究（见图1-1）。在充分证实性别偏差态度存在的基础上，从内隐与外显两个层面解析性别偏差态度状况及影响因素，以持偏者和受偏者心理为两条主线对性别偏差态度可能导致的消极后果进行分析，最后通过现场实验研究证实，课堂讲授加团体辅导的多元化教育训练形式对于减少外显性别偏差态度具有有效性。

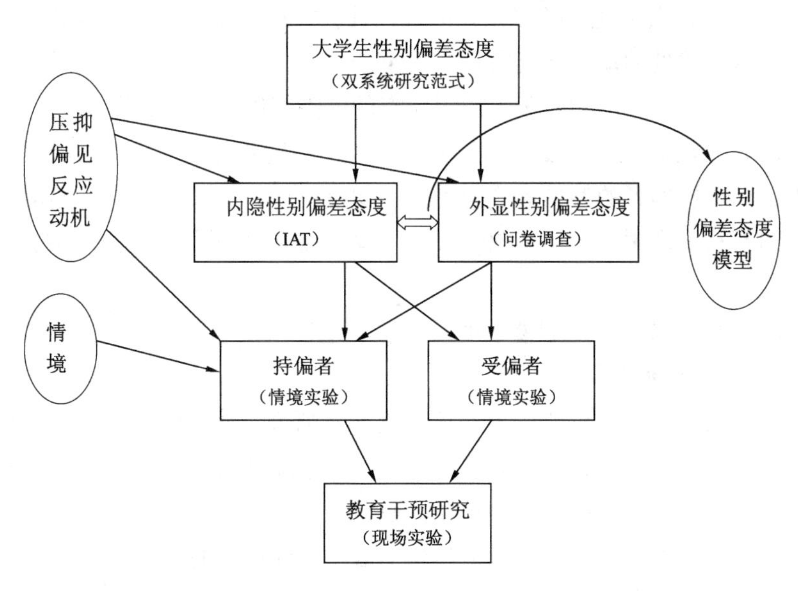

图1-1　研究技术路线图

2.3 主要内容和研究框架

2.3.1 研究目标

（1）了解当代大学生内隐与外显双系统性别偏差态度状况。

（2）分析内隐性别偏差态度与外显性别偏差态度之间的联系和区别，构建性别偏差态度模型。

（3）分析无偏反应动机对于内隐性别偏差态度和外显态度的影响作用，揭示意志努力对于外显态度和处于无意识状况的内隐态度的影响。

（4）分析偏见形式、情境、动机对于持偏者认知与行为的影响，揭示偏差态度对于持偏者的认知与行为倾向所产生的影响。

（5）分析内群体偏见知觉对于个体自尊、情绪与行为倾向的影响作用，揭示偏差态度所引发的对于受偏者的心理与行为方面的消极后果。

（6）了解课堂讲授加团体辅导的多元化训练方式对于减少性别偏见的效果，分析减少性别偏差态度的有效途径，揭示认知与行为方式的改变对于内隐性别偏差态度和外显性别偏差态度改变所起的不同作用。

2.3.2 研究关注的问题

（1）开发并采用灵敏的内隐方法和信效度较高并能探测到微妙反应的外显方法，即对性别偏差态度进行内隐和外显双系统解析，达到比较全面地了解当代大学生性别偏差态度的目的。

（2）在社会文化日益多元化的现代社会，进一步澄清表达偏见的方式与试图压抑偏见的动机之间所存在的复杂关系，以揭示处于意识层面的意志努力对于外显态度和处于无意识状态的内隐态度所产生的影响。

（3）采用高生态效度的实验材料考察性别偏差可能导致消极的认知与行为后果。持偏者的偏见形式与程度、动机特点，以及所处的外部情境对于认知与行为的影响。对于偏见的知觉可能导致的态度与行为倾向的变化。

（4）探索减少性别偏差态度的方法和途径。

2.3.3 研究内容

（1）当代大学生性别偏差态度状况。本研究拟从内隐与外显双系统对当代大学生性别偏差态度状况进行研究。通过编制具有较高信效度的问卷了解大学生外显性别偏差态度状况。通过 IAT 测验了解内隐性别偏差态度状况，并分析被试背景变量对于其性别偏差态度程度的影响。

（2）内隐与外显性别偏差态度之间的关系。分析内隐与外显测量结果之间的差异以及联系，构建性别偏差态度结构模型。

（3）无偏反应的动机对于内隐与外显性别偏差态度双系统的影响。分别考察无偏反应的外部动机、内部动机对于内隐性别偏差态度和外显性别偏差态度的影响作用，揭示意志努力对于内隐与外显双系统性别偏差态度的影响。

（4）偏见态度、情境、动机对持偏者认知与行为的影响。考察性别偏差态度的形式与程度、情境、动机对于持偏者认知与行为倾向的影响，进一步揭示态度与行为之间的关系。

（5）内群体偏见知觉对于个体自尊及行为倾向的影响。考察个体知觉到内群体遭受偏见后所引起的自尊、情绪与行为倾向变化，揭示偏见威胁所产生的消极后果。

（6）教育干预对于减少外显与内隐性别偏差态度的效果。考察课堂讲授加团体辅导的多元化训练方式对大学生性别偏差态度的干预效果，分析减少性别偏差态度的有效途径，从而为教育实践提供参考模式。

2.3.4　研究假设

（1）性别偏差态度普遍存在，内隐性别偏差程度大于外显性别偏差；人口变量是影响大学生性别偏差态度形成的重要因素。

（2）无偏反应动机对于内隐和外显性别偏差态度有显著影响，内部动机强于外部动机。

（3）持有性别偏差态度将导致认知与社会行为出现偏差，情境是其中的一个重要变量。

（4）知觉到性别偏见会产生威胁效应，可能导致个体自尊水平下降，情感困扰、职业选择窄化等消极后果。

（5）课堂讲授加团体辅导可以有效减少个体的性别偏差态度，对于外显偏见的矫正效果大于内隐偏见。

第二章

性别偏差态度研究综述

1 偏差态度的概念及来源

1.1 偏差态度的概念

偏差态度，即偏见，它是人类社会生活领域中一种常见的现象。一个人可能因其性别、职业、出生地、种族、宗教信仰甚至外貌和口音而引起他人的偏见。我们有时是偏见的持有者，有时又是偏见的受害者。有些偏见为某一个体所持有，有些偏见为某一群体所共同持有。偏见似乎无处不在，不可避免。

在《大英百科全书—词典（网络版）》中，对于偏见（prejudice）一词的解释如下：

（1）injury or damage resulting from some judgment or action of another in disregard of one's rights；especially detriment to one's legal rights or claims.

（偏见是）由于他人的判断或行为对个体权利造成的损害性后果，尤其是法律赋予的权利。

（2）preconceived judgment or opinion.

（偏见是）预设的判断或观念。

（3）An adverse opinion or leaning formed without just grounds or before sufficient knowledge.

（偏见是）毫无根据或并未对事件做全面了解就得出的负面观念。

（4）an instance of such judgment or opinion.

（偏见是）以偏概全的偏颇观念。

（5）an irrational attitude of hostility directed against an individual，a group，a race，or their supposed characteristics.

（偏见是）对特定个体、群体、种族及其有关特征的非理性、敌对态度。

偏见一旦形成，就很难改变，并可能导致个人的歧视行为与不公正的社会政策和社会制度。由此，偏见问题引起了心理学家的关注。

1954 年，人格心理学家奥尔波特（Gordon Willard Apport，1897—1967）所著的《偏见的本质》（*The Nature of Prejudice*）对于偏见研究具有里程碑式的意义。书中详述了偏见的来源及其导致的不良后果，为科学研究偏见奠定了基础与组织架构，并随之引发了大量的实证研究（Curl，2002）。在该书中，奥尔波特对于偏见的认知过程、动机过程和社会文化过程三大主题进行了论述（高明华，2015），并将偏见界定为："基于错误和顽固的概括而形成的憎恶感。"

奥尔波特非常重视认知因素在偏见形成过程中的作用，尤其是范畴化和刻板化对于偏见形成的影响。范畴化倾向是人们为了在一个复杂多变、充满不确定性的世界中生存而发展出来的一种自然趋势。范畴一旦形成，就会成为人们对事物进行预前判断的基础。范畴化的一个结果是，范畴内部的相似性和范畴之间的差异性被夸大。人们将那些与观念中的范畴不相符合的新个体和新体验当作特例看待，而对整个范畴的看法维持不变。人们对范畴的看法一旦形成就不会轻易改变，并且很难避免这一认知过程。范畴化在降低世界不确定性和复杂性的同时，却给人们的认知带来刻板化的倾向。刻板化与范畴化相伴随，是对有关范畴的固定信念。奥尔波特将刻板化看作人们的一种认知结构，认为刻板化具有形塑人们思想、情感和行为的能力。刻板化具有共享性，一旦形成即被群体成员作为内群体规范而广泛遵守。由于刻板化的存在，人们头脑中预先存在的信念和偏见得以维持，并且很难改变。甚至会由此导致对于偏见性的文化和制度产生合理化观念（高明华，2015）。

奥尔波特认为，偏见之所以产生是由于它能够满足个体或群体的物质或心理需求。例如，投射与寻找替罪羊的心理动机。投射是指一个人认为某一外群体具有某些特质，并因这些特质而憎恶该群体，事实上是该个体因为自己身上同样的特质而深受困扰。人们将一些不良特征投射到外群身上，仿佛这些特征与自己无关，同时对外群的偏见和歧视也因此产生。寻找替罪羊，是将某一外群体看作内群体不幸的源头而对其进行不公正责难的过程。在人们的安全感及群体价值遭遇威胁时，将焦虑与压力转移到替罪羊身上，可以增强群体归属感和凝聚力，提升个体及群体价值感。

奥尔波特认为，可以通过社会文化的影响来减低人们的偏见程度。例如，通过教育与群体接触等活动改变个体对某一群体的态度和行为，以及通过完善社会的政治、经济、教育和医疗制度等提高弱势群体的地位，从而改善人们对于该群体的负面的刻板印象。其中，奥尔波特提出的接触假说，即仅仅通过不同群体之间的接触就可以有效改善其相互之间的关系，被认为是心理学领域最有效的改善群际关系的策略之一（高明华，2015）。该假说引发了大量的理论与实证研究。

也有其他心理学家对于偏见提出了自己不同的见解。例如，Bourne 认为，偏见是一种态度，是情感、观念与行为的组合，具有先入为主的特点。Allenson 认为，偏见是偏颇的态度与看法，具有负面性（张中学等，2007）。

综观国内外学者对偏见的定义，偏见概念包含以下要素：

（1）偏见是一种概括性的态度结构（Aronson，Wilson & Akert，2012），包括认知、情感和行为倾向三种成分。

认知是对某种事物的认识方式，主要包括信息归类和形成适当观念，即把不同个体归入相应类别，并形成针对特定群体的既定认知模式。这种类属性思维有助于简化个体的认知过程，减轻认知负担，节约认知资源，提高认知效率。在社会认知理论中将这种类属性思维称为刻板印象（Hill，2000）。

情感是针对某一认知对象的情感成分。在偏见中的情感具有稳定而强烈的特点，并表现出正或负两种倾向性，比如强烈喜欢或厌恶某一对象。在心理学研究中，偏见的情感成分主要涉及负性倾向性，而且可能包含某种傲慢在其中，往往会给对象带来伤害。

行为倾向指针对特定对象可能采取的行动，即如何对待特定对象。行为倾向一般是在认知与情感的基础上产生的。

在心理学中，认知和情感成分被称为“偏见（prejudice）”，而行为倾向成分被称为“歧视（discrimination）”（Hill，2000）。

（2）偏见的标志是负面评价。偏见是一种评价，可以是积极、肯定的，也可以是消极、否定的。但心理学研究者主要关注偏见的负性特征。社会心理学家 Allport 将偏见定义为“基于错误和顽固的概括而形成的憎恶感”（Allport，1954）。Allport 的偏见定义为后续的偏见研究提供了概念基础，即偏见表达的是憎恶感和负性评价。当代美国心理学家 Myers 将偏见定义为“对一个群体及其个体成员的负性的预先判断”（Myers，2005），也强调了偏见的负性特质。

（3）偏见总是指向于一定对象的。偏见所指向的对象既可以是一个具体的个体，也可以是一个群体。但个体往往由于具有群体成员身份而成为偏见的对象。

（4）偏见的预存性。偏见是个体在社会化过程中通过观察、模仿等心理机制逐渐形成的比较稳定的态度，是对某一对象的预先判断，这种预测性会影响到对于特定对象的行为倾向。

（5）偏见往往缺乏事实依据，仅仅根据个体的成员身份而判断。偏见让我们基于对某人所属的群体的认识而不喜欢这个人。Bruno 在 *Dictionary of Key Words in Psychology* 一书中将偏见定义为“缺乏充足证据或完整信息而做出的判断”（Bruno，1986）。Ambrose Biercel 在 *The Devil's Dictionary* 一书中将偏见看作一种没有明显依据的易变的观点（Myers，2005）。

综合以往研究，本书将偏差态度即偏见界定为：仅仅依据其成员身份，对某一群体及其成员在认知和情感上所表现出的负性认识与评价，负面评价是其标志。

1.2 偏差态度的相关概念

1.2.1 刻板印象：态度认知要素

刻板印象（Stereotype）是对群体成员的概括性认识，认为群体中的每一个成员都具有相同的特质，而忽略了成员之间的个体差异（Aronson et al.，2012）。刻板印象一旦形成则很难改变。

刻板印象原意是指“定型”或“固定印象”。1922 年，Lippmann 首先将刻板印象一词引入心理学领域，指当人们想到某一群体时在头脑中出现的典型画面或典型形象（Dovidio，Brigham，Johnson & Gaertner，1996）。之后该领域并未引起心理学家足够的兴趣，直到 20 世纪 70 年代随着社会认知成为心理学界关注的热点，刻板印象才重新点燃心理学家们的研究热情。刻板印象之所以引起学者们的研究兴趣，主要原因在于它可能使个体对特定对象产生消极态度和歧视性行为。在很多关于偏见的研究中，都将刻板印象作为偏见的起因和动机。认为刻板印象是过度概括化的结果、错误的归因方式或为歧视性行为进行辩解的合理化借口（Dovidio，Brigham，Johnson & Gaertner，1996）。

随着认知心理学的兴起，心理学家们逐渐从信息加工和图式表征的角度来研究刻板印象。刻板印象被定义为个体在社会信息加工过程中的认知归类。刻板印象并不一定是负面和有害的，持有刻板印象并不必然导致歧视性行为（Brigham，1971）。如今许多心理学家认可刻板印象是一个中性的概念，对某一群体的刻板印象，既可以包含正面的积极特质，也可以包含负面的消极特质（Greenwald & Banaji，1995；Katz & Hass，1988）。

由于信息处理能力有限，人们在认知过程中常常需要运用刻板印象这一“技术手段”将事物进行简化并归类，从而减少认知负担，提高认知效率。如果刻板印象建立在丰富的认知经验基础之上，它就是一种简单有效的方法；但是，如果我们过于相信刻板印象而忽视个体间的差异，就会导致刻板、固执、缺乏灵活的社会适应性，甚至对特定群体和个体产生不公正的态度或伤害性行为。

1.2.2 歧视：态度行为要素

在社会心理学中，歧视（discrimination）指仅仅由于隶属于某个群体而招致的不公正、负面或伤害性行为。在社会生活中，歧视不仅表现在行为方面，还表现为规则性歧视与制度性歧视。由于法律制约、社会舆论压力、担心报复等，偏见更多的是通过非常微妙而隐蔽的方式表现出来。

性别歧视（sex discrimination 或 sexism）是指一种性别成员对另一种性别成员的不平等对待，尤其是男性对女性的不平等对待。但也可用来指称任何因为性别所造成的差别待遇，其重点在于这种差别对待所产生的不良后果上。

1.3 偏差态度的来源

社会心理学家认为偏见是社会习得的结果。儿童从他人如父母那里习得偏见，或者受社会规范、文化、舆论的影响，在遵从社会规范的过程中对特定群体或个人产生偏见。社会心理学家主要从以下三个方面来阐述偏见的产生机制：认知性根源、动机性根源和社会性根源。

1.3.1 认知性根源

我们在认知的过程中，往往会把信息进行归类、整合并形成新的知识框架和图式，再利用这些知识框架和图式去解释新的信息。偏见是人类在认知过程中的副产品。人们通过分类和简化信息，形成对特定对象的刻板印象，进而影响其态度与行为。

社会分类的认知简化。在社会认知过程中，我们往往根据明显的线索如性别、国籍、种族、宗教、身体特征等，将人归入不同群体。这样不仅节省了我们的认知资源、减轻了我们的记忆负担，还能够提高我们的认知效率。如此看来，社会分类是有必要的。然而这种简单的认知过程往往会产生以偏概全的副作用。

内群体偏好与外群体同质性效应。对人群分类的结果，我们会产生在某些方面与自己相似的群体——内群体，以及与自己不同的群体——外群体。人们一般都喜欢与自己相似的人，即内群体；而不喜欢与自己不同的人，即外群体。从而以积极正面的情绪和特殊待遇去对待内群体成员，而以消极负面的情绪和不公正待遇去对待外群体成员。这种现象叫内群体偏好（Aronson，D. Wilson & M. Akert，2012）。心理学家认为，产生内群体偏好的主要原因是人们需要借助所认同的群体以提高个体的自尊（Tajifel，1982），即“我所在群体是优秀的，因此我也是优秀的”。而对于优劣的判断要经过社会比较的过程，即内群体要优于外群体，这就产生了对外群体贬损的后果。

社会分类的另一结果是外群体同质性效应。即认为外群体成员是相似的（Linville，Fischer & Salovey，1989），不同于“我们”，并且“他们”的同质性要比内群体成员间的同质性高。产生这一效应的主要原因是，人们在认知过程中过分夸大了外群体间的相似性和内群体间的差异性。一般而言，面对越是熟悉的群体，人们越能看到其多样性；而面对越是不熟悉的群体，人们的刻板印象越严重（Linville et al.，1989）。另外，一个群体的规模越小，力量越弱，得到的关注越少，也就越容易被刻板化。

归因偏差。人们在解释他人的行为时，总是将其行为结果归结为其内部倾向，却忽视了外部情境因素的影响。而过分依赖内部倾向会导致对他人行为结果的判断失误。例如，把男女两性的行为简单归因为他们的天生倾向，认为是与生俱来的特质。越是认为人的特质是一成不变的，就越容易产生归因偏差。这种过度概括化的倾向极易导致负面态度与歧视性行为。另外，在对个体行为进行归因时，人们往往对内群体成员给予积极归因，而对外群体成员则给予消极归因。如将内群体成员的成功归因为其内部稳定的倾向性，将失败归因为外部不稳定因素，如情境压力大或环境不利、运气不佳等；而将外群体成员的成功归因为外部不稳定因素，如环境有利、运气好等，将其失败归因为内部稳定因素，如能力差等。

1.3.2　动机性根源

有研究者从动机角度来阐述偏见的来源，如替罪羊理论和社会同一性理论。

替罪羊理论由心理学家多拉德提出。在其著名的挫折攻击理论中，多拉德指出，当个体面临诸如无力抗争或来源不明的挫折情境时，容易将愤怒和攻击转移到比自己弱小的外群体成员身上，这些无辜的外群体成员就成了“替罪羊”。挫折往往由竞争所引发，胜利方欢欣鼓舞，而失败方却体验到痛苦与无奈。按照多拉德的理论，挫折是产生攻击的一个重要原因。因为，个体需要将愤怒、焦虑等负面情绪宣泄出去，以达到心理的平衡。另外，根据现实群体冲突理论（realistic group conflict theory），偏见是群体间争夺资源或权力不可避免的后果（LeVine & Campbell，1972）。一旦群体为某些资源而竞争，就会产生一个群体对另一群体的偏见。此时，偏见就成为一类群体对另一类群体进行报复的手段。

社会认同理论（Social Identity Theory，SIT）。社会心理学家 Tajfel 和 Turner 发现，人们乐于将自己归入某一群体，并由此获得自尊。社会同一性使我们认同自己所在的群体，遵从群体规范，并为自己所属的团体、家庭和国家贡献力量。一个人的社会同一性越强烈，就越能体验到对内群体的依恋和对内群体成员的偏爱。而当面对来自外群体的威胁时，个体的偏见反应就会变得更强烈（Crocker，1999）。内群体偏见表现为三种形式：喜欢内群体，讨厌外群体，或者在喜欢内群体的同时讨厌外群体。研究发现，内群体偏见的来源有两个，一是认为自己群体优秀，二是认为其他群体糟糕。因此，对内群体持有积极态度，并不必然导致对外群体持有消极态度。

社会地位和归属的需要。在对自己群体认同的过程中，人们还将内群体与外群体进行比较，并且偏爱内群体。有时为了获得社会比较过程中的优越感，甚至不惜贬低外群体成员。尤其当个体自尊受到威胁时，人们往往通过贬低外群体来提高内群体的地位，从而维护自己的社会同一性，提高自我概念。有研究发现，自尊水平会影响偏见程度。一个人的自尊水平越高，对外群体的评价就越积极；反之，自尊水平受到威胁时，个体就会诋毁外群体成员，以恢复自尊（Fein & Spencer，1997）。

1.3.3　社会性根源

社会情境以多种方式滋生并维持着偏见的存在。在社会中处于支配地位的强势的群体力图维持其在经济和社会方面的特权，于是将弱势群体较低的社会地位合理化。比如，认定女性是“柔弱的”，只适合在家中操持家务，而不适合到社会中“经历风雨”。

偏见的另一个社会根源是从众。偏见形成后会长期存在，如果大多数人接受了这种观念并对其他群体表现出偏差态度与歧视性行为，那么许多社会成员就会出于被群体接受和喜欢的需要而发生从众行为。另外，新生代社会成员也会通过家庭、学校、媒体等途径，观察到父母、教师或其他社会成员的偏差态度，并学习模仿其歧视性行为。偏见的来源与社会传递过程见图 2-1。

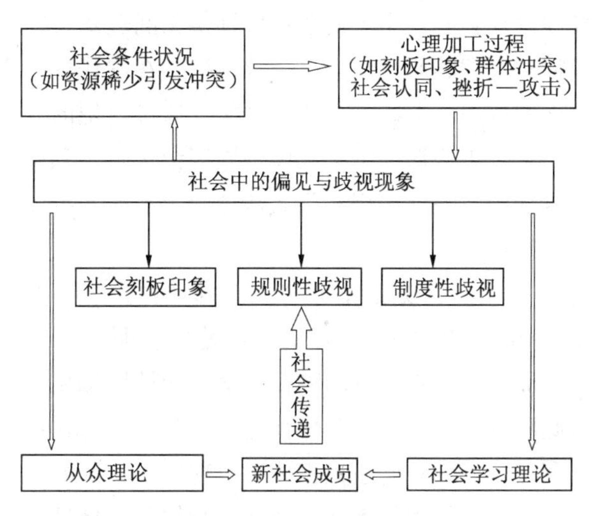

图 2-1　偏见的来源与社会传递过程

资料来源：Grahame Hill. Advanced psychology through diagrams [M]. Oxford University Press，1998.

2　性别偏差态度

尽管从 20 世纪 30 年代起，社会心理学家就开始关注社会偏见这一领域，但研究主题大多集中于种族、宗教和职业偏见，而对于性别偏见的关注则始于 20 世纪 70 年代的妇女解放运动（Rudman & Phelan，2007）。性别偏见在社会生活中是如此司空见惯，甚至连女性自身都认为理所应当。西方妇女解放运动兴起之后，社会生活中对女性的偏见却依旧普遍存在。持有性别偏见者寻找种种借口为自己的偏颇观念辩解。例如，性别偏见不会对女性造成实质性的伤害。他们认为传统的性别角色分工——男主外、女主内，可以最大程度地发挥男女各自的家庭角色功能。男性在家庭中处于支配和主导的地位，是由于他们为女性提供生活资源，并更好地保护了女性。这种观念使得人们错误地认为，既然传统模式存在已久，且如此普遍，那么就有其合理性。另外一种误解，认为女性对自己的社会地位和生存状况非常满意，并表现出对性别刻板印象的适应行为。例如“女为悦己者容”，家庭主妇为了得到生活资源就应该照料家庭。还有一种误解是，性别偏见现象在社会中已经不存在，现代社会为男女两性提供了平等的机会和资源，只要他们自己努力，就都可以取得成功。这种刻意忽视性别偏见的观念不断传播，使得许多女性亦对性别偏见现象熟视无睹。在这种情况下，就不难理解社会心理学家们忽视性别偏见问题研究的原因了。

然而许多针对女性的研究却得出一致结论：在现代社会中，女性仍然遭受许多不公正的待遇。有研究者让女大学生通过日记的方式记录自己因为性别遭遇到的不公正待遇。结果被试每周都记录了一到两个事件，并报告由此造成自尊水平下降、愤怒和沮丧等心理后果（Swim，Hyers，Cohen & Ferguson，2001）。

有研究得出结论，西方近些年来针对女性的性别偏见程度在加深（Benokraitis & Feagin，1995）。以往研究清楚地表明，现代女性还在遭受不公正的待遇，而关于性别偏见的种种误解，如性别偏见对女性无实质性伤害，女性对此欣然接受，抑或现代社会已经基本不存在性别偏见等，这类观念仍长期存在，人们对此争论不休。出现这一状况的原因之一是人们对于性别偏差态度概念的理解不同。因此，我们首先梳理性别偏差态度的概念及其表现形式。

2.1 性别偏差态度的概念

根据《大英百科全书——词典（网络版）》，“sexism”词条有两种解释：

prejudice or discrimination based on sex；especially discrimination against women. 基于性别的偏见与歧视，尤其针对女性。

behavior，conditions，or attitudes that foster stereotypes of social roles based on sex. 在社会刻板印象基础上产生的，针对特定性别的行为或态度。

社会心理学家对于性别偏差态度的概念也提出了不同的见解。例如，Myers 将性别偏差态度定义为：针对特定性别及其个体成员的不公正的态度，具有负性、预先判断的特征（Myers，2005）。Swim 等将性别偏差态度定义为：仅仅依据性别分类，而对特定性别及其个体成员的负性信念、态度和行为（Swim，Aikin，Hall & Hunter，1995）。

综合以往研究，本书将性别偏差态度定义为：针对特定性别及其个体成员的负性信念、情感和行为倾向，尤其针对女性。

2.2　性别偏差态度的表现形式

如今社会上明目张胆的性别偏见在减少，性别偏差态度的表现形式越来越趋于隐蔽，变得不太明显，却依然以微妙与内隐的形式存在（Aronson et al.，2012）。

2.2.1　外显性别偏差态度

（1）传统性别偏见

社会上对女性的偏见由来已久。传统的性别偏见表现为对女性公然的负面态度。持有传统性别偏见者认为，男女应该各司其职，分别扮演好自己的性别角色。他们支持传统的性别角色分工，并认为既然分工不同，那么男女理应得到不同的待遇。在他们的头脑中还有一个观念，即女性容易感情用事，不如男性聪明、理性等。总之，他们认为性别差异确实存在，女性是劣势性别群体。

Glick 和 Fiske 提出，传统的性别偏见利用"男女不同"的社会刻板印象将女性置于不利的地位，使她们因此而遭受到不公正的社会待遇（Glick & Fiske，2002）。公开的性别偏见导致女性在社会生活中不能获得与男性同等的权利。例如在西方近代社会中曾经出现过女性没有选举权，不能接受高等教育，没有财产权以及不能够走出家庭去从事社会工作等现象，这类偏见使得女性的社会权利受到侵害。即使在美国这样的现代化国家，女性也经常受到性别歧视的困扰，直到 20 世纪 20 年代美国女性才拥有选举权。

性别偏见在中国更是根深蒂固。在漫长的中国封建社会，女性饱受不公平待遇，尤其是儒家思想更是固化了对女性的偏见与歧视。"三从四德"的道德要求，使女性成为依附于男性的"二等公民"。女性被要求顺从于男性，长期没有受教育权、财产继承权，甚至没有自己的姓名。

随着社会发展与文明进步，尤其是妇女解放运动的兴起，外显性别偏见逐渐减少。研究发现，现在越来越多的人支持女性进入职场或获得政治权利（Sax，Hagedorn，Arredondo & Dicrisi III，2002）。在西方国家，堂而皇之的性别偏见已经很少见了（Myers，2005），但是性别偏见却以隐蔽的形式"顽固"地存在着。尽管近几个世纪以来，西方的科学技术迅速发展，但在打破性别偏见方面却进展缓慢。在科学研究领域，直到 19 世纪 50 年代才出现了比较客观的针对女性的研究。这些研究试图证明男女之间在智力与心理特征方面并不存在人们想象的那么大的差距。在美国，研究者进行的一项针对男女两性的智力测验发现，总体上男女之间在智力水平上没有显著差异，只不过男女各自具有自己的优势领域（Eagly，1995），而且这种差异主要是个体社会化的结果。

（2）现代性别偏见

现代性别偏见（Contemporary Sexism），指对女性既抱有现代平等观念又存在传统负性评价和情感的矛盾态度（Currie，2010）。现代性别偏见又称微妙性别偏见（Subtle Sexism），它不直接表达对女性的负性态度，而是以更加微妙而隐蔽的形式表现出来。即表面上看起来没有偏见，而内心仍然维持着刻板印象（Aronson et al.，2012）。现代性别偏见表现为夸大性别间的差异，对女性不尊重或缺乏好感，并且否认性别歧视，反对女性争取平等权利的主张。不同于传统性别偏见中公开表达对女性的轻视，现代性别偏见态度中包含有性别平等的成分和微妙的对女性价值的否定。

有研究者认为，当今社会的性别偏见已从传统的、公开的表现形式转化为微妙而隐蔽的形式（Swim，et al.，1995）。微妙性别偏见往往隐藏在“合理合法”的行为中，只不过以更加含糊和微妙的方式表达出来而已。持有微妙性别偏见的人不会公开宣称女性比男性逊色，却为保持现有的男性主导地位而进行不遗余力的辩解。持有微妙性别偏见者宣称，现代社会文明程度大幅提高，已经不存在性别不平等的现象。他们反对女性争取平等权利的主张，并认为女性已经得到她们应得的，政府与社会没有必要去关注她们的“特殊”需求。

随着社会进步，以及男女平等政策的实施，公然针对女性的负面态度已逐渐减少，但是微妙性别偏见在社会生活中却随处可见。女性仍然被看作家务劳动的主要承担者，照料家庭成员的责任也大多由女性承担。在工作场所中女性经常遭遇到不公正待遇。即使在学历、能力、工作经验等方面与男性相似，女性员工的薪酬与晋升机会却远比男性低。

（3）矛盾性别偏见

现代社会中，人们往往不会明目张胆地表达对女性的偏见，而且，即使对女性有些负面态度，也不会强烈而充满敌意。相反，人们会从女性身上发现许多积极特质与可爱之处。妈妈对孩子无微不至的照料，妻子将家里整理得井井有条，女老师对学生的耐心教导等，类似的例子举不胜举。但是，女性被赞赏的积极特质与行为都有一个共同特征，即女性必须遵照传统性别角色规范。于是女性又被限制在传统性别角色之内。Glick 和 Fiske 将人们对待女性的这种既排斥又接受的矛盾态度，称作矛盾性别偏见（Ambivalent Sexism），并将矛盾性别偏见分为敌意性别偏见和善意性别偏见两个维度（Glick & Fiske，1996）。

敌意性别偏见（Hostile Sexism，简称为 HS）者持有男尊女卑的观念，认为女性缺乏能力，需要由男人来替女性“当家做主”，而女性则要服从于男性的权威。持有敌意性别偏见者刻意强调男女有别的社会刻板印象，提出男性生来具有竞争力，而女性生来柔弱。因此，男性更适合作为领导者，对社会中的重要事务进行管理，而女性只能成为依附者。除此之外，他们还认为女性往往善于利用自己的性别身份从男性那里获得她们所需要的东西。

善意性别偏见（Benevolent Sexism，简称为 BS）者认为，女性虽然不像男性那样能干，但她们有亲和力、仁慈善良并且温柔可爱，因此应该得到男性的保护和善待。持有善意性别偏见者赞赏的是与传统性别角色相符合的女性特征。他们认为，男女两性拥有互补的心理特质，比如男性主动能干，女性被动温柔。因此，女性应该利用自身的优势去帮助男性取得更大的成功。表面上看，善意性别偏见观念表达了对女性的积极态度。但实质上该观念仍然认为女性是作为男性的辅助者而存在，从而造成了维护男女之间不平等状况的现实。因此，Glick 和 Fiske 认为，人们对女性的这种善意态度也是性别偏见的一种形式。但是这种偏见形式是如此具有“迷惑性”，以致连女性自身都难以察觉（Glick et al.，2000）。

敌意性别偏见是一种出于对女性负面情感的性别偏见；善意性别偏见则是指一种主观上出于爱护女性的正面情感，通过特定角色限制而对女性形成的一种性别偏见。敌意性别偏见通过“惩罚”使女性不得不安于现状；善意性别偏见则通过“奖励”使女性自愿安于现状。敌意性别偏见是通过贬损女性来证明男性权力的合理性；而善意性别偏见则是将女性看作需要得到男性保护的对象来显示男性控制的必要性。因此，敌意性别偏见和善意性别偏见，看似矛盾，实则为一体，都反映了对女性的控制意识。

2.2.2　内隐性别偏差态度

在传统心理学研究中，态度一直被看作个体支持或反对某种特定对象的一种内在心理倾向，是一个单维的结构。到了 20 世纪 90 年代中期，美国心理学家格林沃德（Greenwald）和巴纳吉（Banaji）提出了“内隐性社会认知”（Implicit social cognition）的概念（Greenwald & Banaji，1995），即过去经验的痕迹虽然不能被个体意识到或自我报告，但是这种先前经验对个体当前的某些行为仍然会产生潜在的影响。随后，“内隐态度”（Implicit Attitudes）的概念被提出，即过去经验和已有态度积淀下来的一种无意识痕迹，潜在地影响个体对特定对象的认知、情感和行为反应倾向。也就是说，人们对特定对象的态度受到很多不被意识到的因素的影响。在这种状况下，人们或者意识不到自己的态度倾向，或者虽然表现出态度倾向和行为反应，但是并没有意识到产生这些倾向的原因。在此基础上，威尔逊（Wilson）和林德赛（Lindsey）等人提出了“双重态度模型理论”(Dual Attitudes Model)，他们认为人们对于同一态度客体能同时存在两种不同的评价，一种是能被人们所意识到、所承认的外显的态度，另一种则是无意识的、自动激活的内隐态度（Wilson，Lindsey & Schooler，2000)，并且外显态度经常被内隐态度所激活（Greenwald & Banaji，1995)。

偏见作为一种预存性态度，也可以分为外显与内隐两个层次。基于认知过程中类属思维的基本理念，内隐偏见（Implicit Prejudice）又称自动化偏见，是人在面对特定客体时的自动反应。早期的种族偏见研究证实了上述观念。有研究者发现被试对有内在联系的字符串反应比没有内在联系的字符串要快（Gaertner & McLaughlin，1983)。如对字符串“黑人—懒惰”的反应时要比“黑人—进取心”的反应时短。后续的相关研究陆续证实了内隐态度的自动化联系倾向。有研究发现，白人自动将负性特质与黑人联系在一起，年轻人自动将负性特质与老年人联系在一起，男性和女性自动将男性、女性分别与不同特质联系在一起（Blair，2002)。内隐偏见是个体在信息加工过程中自动归类思维的结果。它是不可避免的，很难被打破，具有跨时间和情境的稳定性，并且不受外显态度影响。

既然自动信息加工过程不易改变且不可控，那么它反映的应该是个体的真实态度。但是也有研究者认为，要谨慎对待这一理论。内隐偏见也受个体动机、目的和社会情境的影响（Blair，2002)。

2.3 性别偏差态度的测量

在对偏差态度的研究中，传统的测量方法是自我报告法，也有在实验室及真实的社会情境中进行的研究（Gaertner & Dovidio，1977)。随着社会认知心理学的兴起以及态度双重理论模型的提出（Wilson et al.，2000)，研究者越来越关注处于无意识层面的态度系统，即内隐态度，于是针对内隐态度的测量方法被不断开发出来。

2.3.1 直接测量法

20 世纪 70 年代以来，西方出现了测量性别偏见的量表。其中，最常用的有女性态度量表（the Attitudes Toward Women Scale，简称为 AWS）、性别角色平等态度量表（Sex Role Egalitarianism Scale，简称为 SRES）、传统与现代性别偏见量表（Old-fashioned and Modem Sexism Scale，简称为 O-MSS），以及矛盾性别偏见量表（Ambivalent Sexism Inventory，简称为 ASI）等。

（1）女性态度量表

女性态度量表（AWS）由 Spence 和 Helmerich 于 1972 年编制，用于测量人们对于女性的权利、角色与责任所持的态度（Etaugh & Poertner, 1992）。20 世纪 70 年代初，美国的妇女运动促使人们关注女性问题，心理学家 Spence 等编制了此量表用以测量人们对女性的偏见态度。该量表是最早用来测量性别偏见的标准量表之一，并且由于其结构简单且便于进行跨时代与文化的比较而得到广泛应用，以至于许多相关量表都将其作为效标进行比较（Berkel，2004）。但也有研究者指出，AWS 只是测量对女性角色、权利及责任的态度倾向，不够系统全面。该量表在使用中还存在天花板效应（ceiling effect），并且容易受社会称许性的影响。加之量表编制年代较早，在对现代人的偏见态度进行测量时，其信效度受到研究者的质疑。

（2）性别角色平等态度量表

性别角色平等态度量表（SRES）由 Beere 与 King 等人于 1981 年编制（Beere & King，1984；Berkel，2004；King et al.，1990），用于测量对男女非传统性别角色的认同程度，即个体的性别平等意识。量表共分 5 个维度，包括一般成年人的 5 个生活领域，或称为 5 种社会角色，分别是夫妻角色、父母角色、职业领域角色、社交领域角色和教育领域角色。

该量表目前共有四个版本，分别为 95 个项目的两个可替换版本（SRES-B 和 SRES-K）和 25 个项目的两个可替换版本（SRES-BB 和 SRES-KK）。Beere 与 King 等人于 1981 年编制了包括 95 个项目的版本，共分为 5 个维度，每一维度包括 19 个项目；25 个项目的缩略版由 King 等人于 1990 年修订完成，也包含 5 个维度，每个维度各包含 5 个项目（King et al.，1990）。两个缩略版（SRES-BB 和 SRES-KK）间的同质性系数为 0.870（King et al.，1990）。

该量表自编制以来，在与性别角色相关的研究领域得到广泛应用，并引发了大量的实证研究（King et al.，1990）。后续研究发现，该量表与 Spence 等编制的女性态度量表（AWS）高度相关，相关系数为 0.80，并且较少受社会称许性的影响（Berkel，2004）。与测量性别态度的同类量表相比，性别角色平等态度量表将男女社会角色分为5类，更加系统全面，它将男女两性置于具体的社会生活情境中进行评价，使得测量的生态效度得以提高。

（3）传统与现代性别偏见量表

传统与现代性别偏见量表（O-MSS）由Swim等人于1995年编制，共包括13个项目（Swim et al.，1995）。传统的性别偏见是对传统性别角色观念的支持与维护，其对女性的偏见是公开的；现代性别偏见是对性别歧视的否认，对女性需求的反感以及不支持女性争取权利，其对女性的偏见是潜在的或隐蔽的。比如，认为“现代的女性往往会夸大自己所受到的偏见”。该量表分为两个维度：传统性别偏见与现代性别偏见。传统性别偏见量表包含5个项目，现代偏见量表包含8个项目。

（4）矛盾性别偏见量表

矛盾性别偏见量表（ASI）由Glick与Fiske于1996年编制（Glick & Fiske，1996）。ASI包括对女性主观上敌意与善意两种相互矛盾的情感，旨在测量对女性的敌意与善意的偏见态度。

该量表为自陈式问卷，分为敌意和善意性别偏见两个分量表，共22个项目。其中11个项目用来测量敌意性别偏见，另外11个项目用来测量善意性别偏见。两个分量表各自包含三个维度。敌意性别偏见分量表包含：对女性支配性控制、竞争性两性差异以及敌对性两性关系；善意性别偏见分量表包括对女性保护性控制、互补性两性差异以及亲密性两性关系。

研究发现，矛盾性别偏见量表有较好的聚合效度、区分效度以及预测效度（Liang，2006）。敌意性别偏见量表能够较好地预测对女性的负面态度，而善意性别偏见量表可以较好地预测对女性的积极态度。应用该量表的研究发现，男性被试在敌意性别偏见和善意性别偏见两个分量表上的得分都显著高于女性，但在敌意性别偏见量表的得分上男女差异更大。这一结果也间接证明了量表的效度。因为，女性被试很容易辨别量表中明显针对自己的负面态度，但是容易被善意性别偏见蒙蔽。多项相关研究还发现该量表有较高的内部一致性系数（在0.80到0.90之间）（Liang，2006）。矛盾性别偏见量表在编制过程中考虑到了性别偏见的复杂性，从正、负两个方向评估性别偏见程度，能够在一定程度上探测到隐蔽的性别偏见。另外，该量表结构简单，易于操作，省时省力，具有5年级文化水平者花5

到10分钟就能够完成。

在测量工具的开发方面，我国学者也进行了有益的尝试。如张雷于2002年编制了性别角色平等态度量表（张雷、郭爱妹、侯杰泰，2002），包含工作与家庭两个维度。心理学者唐文文、盖笑松等编制了性别平等意识问卷（唐文文、盖笑松、赵莹，2011），包含家庭、职业和学校生活三个维度。但这两份量表并未提供信效度等测量学方面的指标信息。

2.3.2　间接测量法

间接测量是内隐社会认知中的一个重要测量手段。以往针对种族偏见的研究发现，如果采用更加微妙的测量工具或者伪装的技术手段，可以探测到被试真实的偏见态度（Roese & Jamieson，1993）。

（1）信号检测论范式

信号检测论（Signal Detection Theory，简称为SDT）是认知心理学研究中应用极为广泛的一种研究范式（邵志芳、高旭辰，2009）。在信号检测论的研究范式中，实验者向被试呈现两类刺激：信号和噪音。被试的任务是将信号从噪音中区分开来。呈现信号，报告为信号，称为击中；呈现噪音，报告为信号，称为虚报。呈现信号，报告为噪音，称为漏报；呈现噪音，报告为噪音，称为正确拒斥。通过击中率和虚报率，计算出辨别力和反应偏向两个指标。辨别力指标代表被试将信号从噪音中区分出来的能力，反应偏向指标反映被试做出反应决策时的判断标准。Banaji和Greenwald采用信号检测论研究范式，考察被试对于男子名和女子名是否采用同样的判断标准，以此反映被试的性别刻板印象（Banaji & Greenwald，1995）。结果发现，被试对男性和女性性别知名度的判断存在性别差异。被试在进行知名度判断时，对女性姓名采用的反应偏向比较严格，对男性姓名采用的反应偏向比较宽松。而且被试自身并未意识到自身在知名度判断中受到了刺激材料性别差异的影响。从而证明了内隐性别刻板印象的存在，即被试认为男性更有知名度，而女性的知名度更低。

（2）评价性启动任务

评价性启动任务（Evaluative Priming Task，简称为EPT）。Fazio等人借鉴认知心理学中的语义启动任务范式，将其应用到内隐社会认知研究者中，并加以改造而形成（邵志芳、高旭辰，2009）。语义启动任务被用来研究概念之间的联结，以及概念的激活和扩散。在语义启动任务的研究中，实验者先向被试呈现一个启动刺激，短暂间隔后，呈现目标刺激。被试对目标刺激进行真假词判断。当启动刺激和目标刺激之间存在紧密的语义联系时，判断速度较快。在评价性启动任务中，启动刺激是特定的态度对象，目标词是表示积极评价或消极评价的词汇，被试需要判断目标刺激是积极的还是消极的。该范式的基本假设为，态度可以被看作个体记忆系统中态度对象与态度评价之间的联结。当态度对象出现时，这种联结会自动激活，并影响被试的反应。评价性启动任务被证明在测量内隐态度方面具有较大优势（Fazio，Jackson，Dunton & Williams，1995）。

（3）基于反应时的内隐联结测验

1998 年，Greenwald 等提出采用内隐联结测验（Implicit Association Test，简称为 IAT），测量人们的内隐态度（Greenwald，McGhee & Schwartz，1998），即测量个体概念系统中，概念之间自动化或深层次联结的强度。

按照信息加工理论，信息被储存在一系列按照语义关系分层组织起来的概念网络中，因而可以通过测量不同概念在这一网络中的距离来判断它们之间的联系程度。内隐联结测验以态度的自动化加工为基础，通过测量概念词与属性词之间的自动化联系的紧密程度对个体的内隐态度进行测量。根据概念词和属性词之间的关系，将测试任务分为两类：相容任务和不相容任务。所谓相容，指概念词和属性词之间的联系与被试内隐的态度一致，否则为不相容或相反。当概念词和属性词相容，即与被试的内隐态度一致时，被试对信息加工表现为自动化方式，反应速度快，反应时短；当概念词和属性词不相容，会导致被试的认知冲突，反应速度慢，反应时长。通过计算不相容条件下与相容条件下的反应时之差来评估个体的内隐态度强度。Greenwald 认为，IAT 实质上反映的是个体对知识结构中预存的概念联结进行提取的过程，IAT 效应反映出概念联结的强度。

Greenwald 将最初的实验设计分为五个阶段（Greenwald et al.，1998）。第一阶段，呈现目标词，让被试归类并做出按键反应（男子名按 F，女子名按 J）；第二阶段，呈现属性词并让被试做出反应；第三阶段，联合呈现目标词和属性词，让被试做出反应（男子名或成功的，女子名或失败的）；第四阶段，让被试对目标词做相反的判断（女子名按 F，男子名按 J）；第五阶段，再次联合呈现目标词和属性词，让被试做出反应（男子名或成功的，女子名或失败的）。考虑到相容与不相容任务程序的顺序效应，2000 年 Greenwald 将上述程序改进为七个阶段，在原来的第三和第五阶段后各增加了一个重复阶段。新的第七阶段和第四阶段之间的差异为评估 IAT 分数的依据（Greenwald & Farnham，2000）。

为了提高实验效率，2001年纸笔式测验被开发出来，被试需要在有限的时间内对一系列刺激进行快速归类（Lowery, Hardin & Sinclair, 2001）。根据概念词和属性词之间归类时间的差异来判断被试是否存在刻板印象或偏见。

最初Greenwald等人将IAT用于对种族偏见的研究（Greenwald et al., 1998），以白人和黑人组成一对客体概念，以正性词和负性词作为属性概念，考察种族和正负性评价之间联系的相对强度。当概念词和属性词之间存在内在联系时，被试的反应速度要比没有联系的两个词快。一旦发现反应时差异显著时，则表示被试的自动偏见被启动。

近年来在社会认知领域有多项采用IAT方法的研究，证实IAT有比较高的效度。这种方法的有效性在于，进行IAT测验时，被试不容易猜测到测量目的，因此可以较少受到社会称许性的影响，防止被试的自我整饰，从而更好地控制无关变量的影响。

但也有研究得出IAT的结果可能会受到相容与不相容任务程序顺序、词语的特异性因素等影响（崔丽娟、张高产，2004）。并且有研究者质疑，以反应时作为切入点来展开研究时，测验中语词等刺激的反应时是否能够反应被试的真实态度（Bluemke & Friese, 2006）。事实上，这类测验通常由被试在实验室内和计算机上完成，脱离真实的社会情境。而人的社会态度只有在相关社会情境中才能更真实地表现出来。另外，也有研究者提出该方法不能彻底避免社会称许性的影响（贾凤芹、冯成志，2012）。但以往研究发现，内隐联结测验用于测量少数群体（弱势群体）的态度时具有良好的预测效度（Rudman & Ashmore, 2007）。

（4）Go/NO-Go联结测验

Go/NO-Go联结测验（Go/NO-Go Association Test，简称为GNAT）也是测量内隐偏见的方法（Nosek & Banaji, 2001）。它是IAT的变式，可以对单一对象进行评价。具体做法是呈现两类目标刺激和干扰刺激，被试需要对目标刺激快速做出反应。该范式采用信号检测理论，将目标刺激，如“目标概念+积极评价”或“目标概念+消极评价”作为信号，而将“干扰刺激+积极评价”或“干扰刺激+消极评价”作为噪音。被试只需要对目标刺激（信号）进行按键反应，称为Go；而对干扰刺激（噪音）不需要反应，称为NO-Go。将被试在两类目标刺激上的反应时之差作为内隐偏见存在的依据。

（5）词汇判断测验

词汇判断测验（Lexical Decision Task，简称为 LDT）。Gardener 和 McLaughlin（1983）在一个关于词汇判断的测验中，要求被试看一对字符串，并快速决定是否两个都是词语。当两个字符串都是词语时，如果二者互相联系，被试回答的速度快于二者没有联系的词语。该方法被应用到内隐测验中，如果被试对一对词语的反应时快，则表明这两个词语之间联结较强，被试可能存在刻板印象或偏见态度（Macrae，Bodenhausen，Milne & Jetten，1994）。

（6）刻板解释偏差

刻板解释偏差（Stereotypic Explanatory Bias，简称为 SEB），是人们在与刻板印象不一致的情境中所表现出的解释偏差（马芳、梁宁建，2008）。刻板解释偏差把归因作为切入点来研究人的内隐态度。它把归因结果作为对象加以分析，在实验操作上引进了实际生活场景，从而较好地激发出个体的内隐态度。该方法一般要求被试完成一份相关问卷以检测其是否存在 SEB。该测验方式为，问卷只呈现某一事件结果的半个句子，后半句要求被试对前半句事件结果做出归因。在问卷中，每个项目的主语必须包含有关刻板印象的两类相对群体。事件是与刻板印象一致的积极行为以及与刻板印象不一致的消极行为。被试可以在每个句子后面填写多个理由。根据被试在与刻板印象不一致和一致两个情境下所给出理由的数量之差来判断其偏差程度。采用 SEB 方法，马芳等检测到大学生普遍存在“男性比女性更擅长数学”的内隐数学性别刻板印象（马芳、梁宁建，2008）；佐斌等得出大学生具有很明显的内隐性别刻板印象的结论（佐斌、刘晅，2006）。

（7）眼动与 ERP 研究范式

有研究者发现，可以利用眼动技术研究言语信息加工中性别刻板印象的启动效应（Pyykkönen，Hyönä & Van Gompel，2010）。研究结果显示，即使在对理解语义没有影响的情境中，被试还是启动了性别刻板印象，而且会启动性别刻板印象对先前的语义理解进行修正。在对语义启动与语义理解的研究过程中，眼动是一种有效的研究范式。

随着认知神经科学的发展，社会心理学家试图从神经机制的角度探讨性别偏见的问题（王沛，2010）。ERP 技术通过对脑电波的测量收集刻板印象的神经生理活动证据。如王沛（2010）以性别范畴词“男”或“女”作为启动刺激，以性别刻板特质词作为靶子，特质词与范畴词构成一致和冲突两种情境，记录了 34 名被试对特质词与范畴词进行一致性判断时的行为反应和 ERPs。结果发现，内群体范畴词启动条件下反应时更短。在刻板印象冲突情境下诱发了额中区更显著的 N400，该成分标志着刻板印象的激活效应。

我国学者采用内隐研究范式对内隐刻板印象进行了有益探索，涉及自尊（杨福义，2006）、自我概念（郑全全、耿晓伟，2006）、性别（杨福义，2006；于泳红，2003）、职业（杨福义，2006；于泳红，2003）、地域（杨治良、邹庆宇，2007）、学科（马芳、梁宁建，2008）和攻击性（云祥、李小平、杨建伟，2009）等方面。上述研究大多关注的是偏见的认知成分——刻板印象，而对于偏见的核心成分——负性评价却鲜有涉及。有研究者采用 IAT 范式研究内隐性别刻板印象，其中属性词均为正性词汇，没有负性词汇，即未涉及偏见的核心成分——负性评价（佐斌、刘晅，2006）。另外一项有关内隐职业性别刻板印象的研究，只是考察了职业和性别两类概念之间的联结程度，也未直接涉及负性评价（于泳红，2003）。总之，以往研究关注了偏见的认知成分，但较少涉及负性评价和情感成分。

综述以往对性别偏见的研究，呈现出从外显到内隐，再到神经机制的趋势。所采用的技术手段有问卷调查、信号检测论范式、启动实验、内隐联想测验、眼动与 ERP 研究等多种范式，呈现出综合运用外显和内隐测量方法的特点。

综观以往对于外显与内隐性别偏见的测量，它们存在如下问题。女性态度量表（AWS）编制时间较久，并且容易受到社会称许性的影响。传统与现代性别偏见量表（O-MSS）以及矛盾性别偏见量表（ASI）并未进行维度划分。性别角色平等态度量表（SRES）包含具体的生活情境，具有较高的生态效度，但是该量表却包含对男女两性的态度，不能用来考察只针对女性的态度。此外，上述量表都是在西方文化背景下编制而成，信效度指标也取自西方被试测量的结果，因此在中国文化背景下应用上述量表缺乏文化适切性。而我国学者编制的问卷也是针对男女两性、维度划分不够细致并且未提供问卷测量学方面的相关指标。由此可见，在外显测量方面，问卷之间结构差异较大，所得结果不宜直接进行比较。在内隐测量方面，由于所采用范式不同，所得结果也有不一致的现象。

2.4 内隐与外显性别偏差态度之间的关系

对于内隐与外显测量之间的关系，以往研究主要有两个不同的结论。

一种观点认为两者测量的是对同一事物的态度，却属于不同的意识层面，因此存在低度正相关关系（Greenwald & M. R. Banaji，1995）。这表明从概念分类的角度看，内隐与外显态度属于两个相关但不同的概念体系（Patricia G Devine，1989；Wilson et al.，2000；Greenwald & M. R. Banaji，1995）。另一种观点认为两种方法测量的是完全不同的对象，因此测量结果之间毫无关系（Baggenstos，2001）。以往相关研究大多支持第一种观点，即两个系统之间存在正相关关系。以往在对攻击性（云祥等，2009）、自尊（杨福义，2006）和职业偏见的研究中（于泳红，2003），均得出了内隐与外显态度呈低度正相关的结果。但采用内隐测验和外显测量所得的结果之间却存在一定的差异性。比如有研究者发现，采用内隐测验法比外显测量中使用自我报告法测得的偏见程度高（Dunton & Fazio，1997）。对于内隐与外显性别偏见之间的不一致，可以用双重态度模型理论解释（Wilson et al.，2000）。人们对于同一态度客体可能同时存在两种不同的评价，一种是能被人们所意识到、所承认的外显的态度；另一种则是无意识的、自动激活的内隐的态度。偏见作为一种预存性态度，也可以分为内隐与外显两个层次。

也有研究者提出，用IAT测量得出的结果和用外显方法测量得出的结果实际上是一致的。如果测量的是明显的偏见，则用IAT测量得到的结果和用外显方法测量得到的结果相关度较高；如果测量的是不明显的偏见，则两者之间相关很弱（崔丽娟、张高产，2004）。

实际上，个体对某事物的态度不可能完全由当时清醒的意识状态决定而完全没有无意识成分；也不可能完全由无意识状态决定而没有任何意识成分参与（Fazio & Olson，2003）。也就是说，内隐态度和外显态度并不是非此即彼的二元对立关系。进一步说，自动化的认知加工过程经常要涉及意识成分，而可控制的认知加工过程则可能经过长期程式化的训练而变得具有自动化的倾向（Bargh，1989）。

2.5 持偏者的认知与行为偏差

2.5.1 归因偏差

以往研究发现，由于刻板印象的存在，人们在对男女的成功与失败分别进行归因时会发生偏差现象。在一项早期经典实验中（Feldman-Summers & Kiesler，1974），实验者让男女大学生分别对事业有成的男、女医生进行评价，并对其成功进行归因。男大学生认为，女医生的专业技能较差，但成就动机强烈；女大学生认为，男女医生的专业技能相同，但女医生的成就动机更强烈。男女大学生都将女医生的成功归因于其努力程度，而忽视其专业技能。

1996年，女性主义心理学家Swim对以往的58个相关实验研究结果进行了元分析（Swim & Sanna，1996），发现男女被试都将男性的成功归因于内部的、稳定的因素——能力强，将女性的成功归因于不稳定因素——努力或运气；将男性的失败归因于不稳定因素——没有尽力或运气差，将女性的失败归因于内部稳定因素——能力差。

2.5.2 认知偏差

明显而强烈的偏见会影响个体的记忆、解释、判断等认知过程。在一项实验中，研究者让大学生观看一名四年级女孩学习与生活经历的录像带（Myers，2005）。研究者将被试分为两组，一组看到的情况是，这名女孩来自贫困的底层社会；另一组看到的是该女孩来自富裕的上层社会。然后，让两组被试观看相同的录像带内容。这名女孩参加了一个口试，她在口试过程中有时对问题对答如流，有时也出现失误。最后，实验者让两组大学生被试回忆，这名四年级女孩在口试过程中回答对了多少个问题，并对女孩的能力水平进行判断。结果是，那些认为这名女孩来自底层贫困家庭的被试回忆她仅答对了一半题目，并认为她的水平较差。而另一组大学生则回忆她答对了大部分题目，并认为她的能力水平相当出色。由此可见，偏见影响了个体的记忆效果和判断。

偏见是一种预先判断，这种预先性会诱导我们对事物做出偏差解释。如果某一群体成员的行为符合我们的预期，那么我们先前的观念得以验证，刻板印象进一步加强；如果该群体成员的行为与我们预期的不一致，我们就会将其行为归入特殊类别，即再分化出一个新的子群体，如“高学历的外来人口”“儒商”等，来维护先前存在的刻板印象。这种再分类法，虽然可以让刻板印象变得灵活，但子群体还是作为整个群体的一部分而存在的，结果还是起到了维护原有刻板印象的作用。

偏见认知还会影响判断结果。曾有研究者让大学生看一组男女成年人的单人照，并判断其中每个人的身高。他们大多判断男性更高，尽管照片中男女的身高相同（Myers，2005）。在后续研究中，研究者仍然让大学生看一组男女大学生的单人照片，同时告诉他们照片上的人来自工学院或者护理学院，并告诉被试，来自两个学院的男生和女生数量相等，最后让被试判断展现在他们面前的照片中的人物是来自工学院还是护理学院。结果，当面对女性面孔时，被试判断其来自护理学院的频数显著多于工学院。

上述各项研究表明，在缺乏其他具体信息的情况下，刻板印象将严重影响个体的记忆、解释、判断等认知过程。

2.6 偏见知觉对自尊与行为的影响

知觉偏见是知觉过程中存在的偏见，这种偏见所指向的知觉客体是客观的人、物或社会事件。偏见知觉，是指对某种知觉过程中偏见的知觉，所指向的知觉客体是偏见（张玮、佐斌，2007）。图 2-2 表明了知觉偏向与偏向知觉的差异与联系（张玮、佐斌，2007）。图中的知觉主体一和知觉主体二有时是相同的个体，有时则不是。

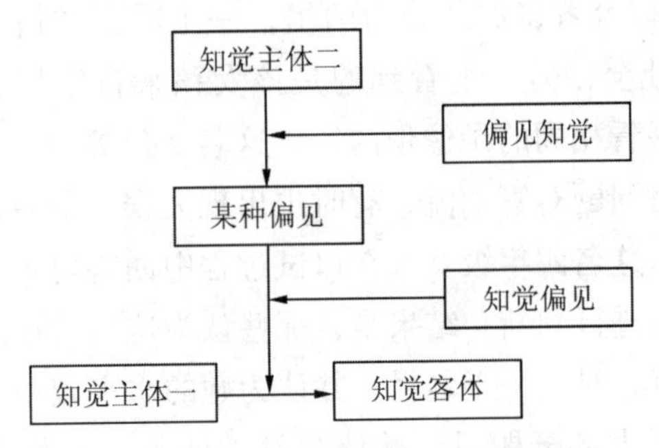

图 2-2 偏见知觉与知觉偏见的联系与区别

知觉到自身遭受偏见通常会给个体带来痛苦、自尊水平下降等消极后果。其中包括消极的情绪反应、刻板印象威胁和自我实现预言等现象。

2.6.1 消极情绪反应

传统与敌意性别偏见将女性看作劣势性别群体，公开表达对女性的负面态度。研究发现，如今人们很容易辨认这种形式的偏见，并引发女性强烈的不满情绪（Barreto & Ellemers，2005）。现代性别偏见不会引发强烈情绪反应，却容易导致双重消极后果。研究者（Barreto & Ellemers，2005）曾用现代性别偏见量表来测量人们的偏见程度，完成后再评估其情绪状态。研究发现，人们很难辨别这份问卷表达了对女性的偏见态度，但在回答完问卷中的题目后却感到紧张和焦虑。现代性别偏见量表中的题目不仅暗含女性比男性逊色之意，而且暗示了女性安于现状，不思进取。这使女性意识到自身的不足，由此引发了紧张与焦虑情绪。这揭示了现代性别偏见对女性的双重消极后果。不仅有害女性的心理健康，如引发焦虑情绪，而且由于其隐蔽性，女性几乎无视其伤害，往往也就不能清晰辨别并试图打破这种偏见。

同现代性别偏见一样，善意性别偏见不易被人们察觉，却同样能够引发个体的消极反应。在一项情境测验中（Dardenne，Dumont & Bollier，2007），女性应聘者在参加一家化工厂的招聘活动时，被要求完成一项测试任务。但是在正式开始测验之前这些被试被告知，她们不必担心今后的工作任务，因为工厂里的男员工知道女性在工作中肯定需要一些帮助，他们乐于提供帮助。结果发现，在后续的测试任务中，这些被试的成绩显著低于没有受到此类暗示的应聘者，甚至低于暴露于公开性别偏见中的被试。这一结果似乎说明，来自男性的善意性别偏见所导致的消极后果反而比明显公开的偏见还要大。但是，她们并不认为自己受到性别偏见的影响。也就是说，她们并没有察觉到性别偏见。该研究者认为，此结果是善意性别偏见引发个体的自我怀疑意识和焦虑情绪，并降低了个体的自尊所导致的。这些消极情绪和体验干扰了被试顺利完成测试任务。

2.6.2　自尊的降低

人们通常比较清楚自己群体所受到的偏见状况，而一旦知觉到偏见，个体往往会降低自尊水平，甚至对于年幼的孩子也不例外。20 世纪 40 年代的一项社会心理学实验证实了这一结论（Aronson et al.，2012）。该研究对象为非裔美国籍儿童，年龄最小的为 3 岁，实验内容是让这些黑人小孩选择和白人洋娃娃或黑人洋娃娃一起玩耍，结果大部分的小孩选择白人洋娃娃。在另一项研究中（Goldberg，1968），实验者让女大学生阅读一些学术性文章，并就文章作者的写作能力与风格打分。每一篇文章各署一个男性名和一个女性名，然后将署男性名和女性名的同一篇文章分别拿给不同的被试打分，结果女大学生给男性作者的分数显著高于给女性作者的。这说明女大学生知觉到了自己群体的社会地位，从而对自己群体进行了较低评价。有研究表明，在社会中处于劣势的群体，如女性、少数族裔等，其知觉到受到的歧视越多，幸福感就越少（Baron，Branscombe & Byrne，2008）。

随着社会的进步与发展，公然的性别偏见逐渐减少，女性在政治、经济、社会、法律等各个领域发挥越来越重要的作用。近期的相关研究也得出与以往不同的结论。如今的美国非裔小孩更愿意与黑人洋娃娃玩耍（Gopaul-McNicol，1987），女大学生往往也不再因为作者署名隐含的性别信息而给予文章不同的评价（Swim，1994）。由此，有研究者提出，在美国，不同种族、不同性别之间的自尊水平可能已经不存在显著差异了（Crocker & Major，1989）。

2.6.3 刻板印象威胁

Steel 于 1997 年提出刻板印象威胁理论，该理论是指当某个群体的成员意识到自己的行为可能会证实负面社会刻板印象时所产生的忧虑和恐惧（C. M. Steel，1997）。研究者发现，当个体处于别人都预期自己会表现糟糕的某个情境中时，他们很容易体验到恐惧，即担忧自己会不会证实这种负面社会刻板印象。结果，这种额外的恐惧心理干扰了他们的行为表现能力（Steel，1997）。在一项有关刻板印象与女同学数学成绩关系的实验中（Spence，Steel，& Quinn，1999），当实验条件为让女同学意识到男女在数学能力上是有差别时，她们的表现要比男性差；当实验条件为让女同学意识到男女在该项数学能力上没有任何性别差异时，她们的表现和男同学一样好。这一实验结果产生的原因是，在性别刻板印象中，人们普遍认为女性的数学能力比男性差，女同学担心人们会根据这一负性刻板印象来评价自己。这种担心和忧虑心理干扰了该实验中女同学的数学表现。

除此之外，刻板印象还会影响个体学业选择与职业生涯规划。一项研究发现（Myers，2005），让女性被试在电视广告中看到刻板化的女性形象如缺乏理性的女性形象之后，这些女性被试不仅在接下来的数学测验中比男性表现差，而且对数学及理科专业也缺少兴趣，不愿意从事与理科相关的工作。有研究者得出结论认为，个体意识到负性刻板印象的程度越深，则行为表现受其影响的程度越大（Brown & Pinel，2002）。

综合来看，刻板印象通过两种途径影响个体的行为表现。一种是认知性的，刻板印象令人紧张、焦虑，这种情绪困扰占用了个体有限的认知资源，导致对当前任务不能进行理性分析，降低了工作记忆水平。另一种是动机性的，在刻板印象威胁下担心犯错，并且较高的生理唤醒会妨碍人们在困难任务中的表现。刻板印象威胁的消极影响见图 2-3。

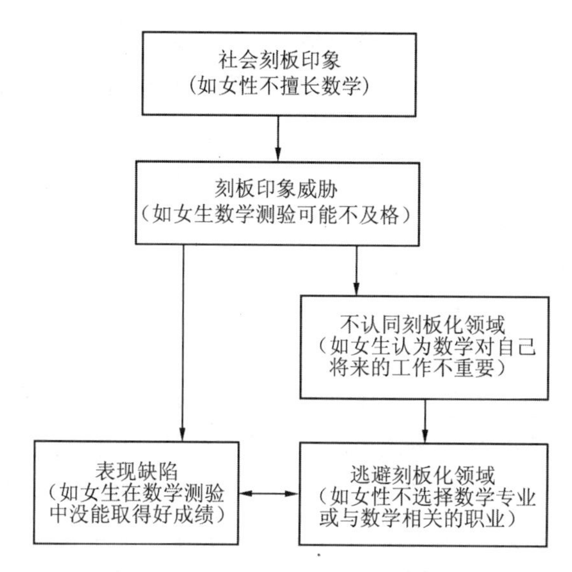

图 2-3　刻板印象威胁导致的消极后果

资料来源：Myers. 社会心理学［M］. 北京：人民邮电出版社，2005：273.

2.7　性别偏差态度的改变

近年来，学者们一直在为减少或消除偏见而进行理论探讨或实证研究。由于偏见是对某一群体或个体预存的负性态度，是个体在社会认知中过分类化的结果。因此，有一种观点认为，只要改变认知中的负性信念就能够减少或去除偏见，可以通过教育的方式告知人们合理的信念。结果证明这种观点并不现实（Aronson et al.，2012）。其原因是偏见作为一种态度，包含认知、情感和行为倾向三个成分，都带有非常强烈的情感色彩，单纯通过改变信念很难达到改变情感和行为的目的。

心理学家 Allport 提出，减少偏见的最重要途径是接触（Allport，1954）。通过不同群体之间的相互接触，达到互相了解、去除偏见的目的。但是，仅有接触是不够的。人们在减少种族偏见的实证研究中发现，只是简单地将黑人儿童和白人儿童编排在同一间教室上课并未减少白人儿童的种族偏见，而且在这种情境下，黑人儿童的自尊水平下降（Aronson et al.，2012）。原因在于，在接触双方地位不平等的情况下，接触机会越多，越容易产生对彼此的厌恶和不满态度。

社会心理学家谢里夫（Sherif）的经典实验为解决上述难题提供了有益的线索。1961 年谢里夫将参加童子军的少年分成两组，并设计了引发两组少年冲突和竞争的情境，结果发现在这种情况下群体之间极易产生偏见。于是研究者撤销了冲突和竞争情境，却发现已经建立起来了的偏见态度并未消除，这时让两组少年接触反而导致了彼此的敌意。后来，研究者为两组少年设计了相互依赖的情境，双方必须同心协力才能完成任务。实验结果发现，在相互依赖的情境下，两组少年彼此的敌意减少，偏见态度减弱（Aronson et al.，2012）。

另一项有影响的实证研究是 Aronson 于 1971 开始实施的“拼图教室实验”（Aronson et al.，2012）。为了减少当时校园中出现的种族偏见与冲突，研究者设计了一种在教室里同学之间相互依赖的情境，让不同种族的学生达成共同的任务目标。由于这种方式类似儿童游戏中的拼图活动，每个人都要将自己手中的部分图形放到合适的位置，才能将整个图形补充完整，因此进行这项研究的教室被称为拼图教室。具体做法是将同一个班级的学生分成不同的学习小组，并分别按照小组分配学习任务。在小组内部，每一名成员都独自承担总任务中的一部分。只有每个人将自己的学习任务完成后，整个小组的任务才得以完成。研究者发现，在共同学习的过程中，学生们开始关注别人的学习情况，并对他人的需求敏感，愿意为有需要的同学提供帮助，并由此变得喜欢对方。Aronson 发现，与传统教学方式相比，参加实验的学生种族偏见减少，并且自尊水平明显提高。上述实证研究的结果说明，相互依赖和追求共同目标是影响接触能否减少偏见的重要因素。由此，Aronson 总结出通过接触减少偏见的六个条件：相互依赖、追求共同目标、地位平等、友好的非正式情境、频繁接触和社会规范保障。只有在这些条件下的接触方式，才能使个体彼此深入了解对方，真正理解对方的行为方式，从而对已有的刻板印象提出质疑，并产生改变自己偏颇观念的意图。

回顾以往关于减少偏见的研究大多针对外显偏见。比如，为了减少儿童的种族偏见，在学校设置多元化的文化教育课程（Bigler，1999）。而减少成年人偏见态度的主要途径和策略还是依据 Allport 提出的接触理论，通过设计形式多样的与外群体接触的方式达到减少偏见的目的。但这类方法在使用过程中也存在一些问题。首先，所设计的接触方式具有特殊性，而我们不能把在特殊情境下获得的实验结果推广到普通群体中去。其次，在接触类活动中被试要接受各种各样的训练，他们可能会因为逆反心理而产生“反弹”行为，从而对于偏见群体的负性态度和消极行为变本加厉。另外，训练有可能对被试的心理产生一些消极后果，比如被试感到自己的言论自由受到限制或者因为觉得自己有偏见态度而深感内疚。最后，很多研究者并未对所实施的训练与干预效果进行有效评估。针对以往多样化训练中存在的局限性与不足，Rudman 提出可以用志愿者作为被试，替换掉以往研究中随机选取的被试（Rudman，Ashmore & Gary，2001）。由于志愿者是自愿参加干预训练，他们对训练的逆反心理会少一些，而且更愿意接受训练中传递的理念。因此，在训练结束后，被试的偏见态度应该减少，至少在外显层面应该表现出下降趋势。

至于内隐偏见能否被改变，结果要复杂得多。一类观点认为，内隐偏见是长期的社会生活中不同群体之间社会地位差异的体现，具有稳定、持久和不易改变的特征（Dovidio，Kawakami，Johnson，Johnson & Howard，1997；Russell H Fazio et al.，1995）。有研究者用名声判断法（judgments of fame）来研究内隐性别偏见，发现在我国社会文化背景下，内隐性别刻板印象具有稳定性（高丽娟，2003）。另一类观点认为，内隐偏见是个体对目标群体概念和属性概念过度学习后产生联结的结果。如果基于学习理论，则内隐偏见就可以被改变（Devine，1989）。从现有研究结果看，在实验室研究中，内隐偏见可以被改变。例如，在实验研究中让被试反复练习不相容任务，就会减少内隐刻板印象的启动效应（Kawakami，Dovidio，Moll，Hermsen & Russin，2000；Laurie A. Rudman & Borgida，1995）。另外，研究还发现，内隐偏见对外界环境因素特别敏感（Rudman & Borgida，1995）。在一项对于种族偏见的研究中，研究者让被试反复看积极正面的黑人形象和消极反面的白人形象。结果发现，在接下来的测验中，被试对于黑人的评价显著提高（Dasgupta & Greenwald，2001）。另一项有关性别偏见的实验研究发现，如果引导被试去想象强壮的女性形象，他们的内隐性别偏见程度会降低（Blair，Ma & Lenton，2001）。

以上研究结果表明，通过让被试去关注偏见群体中的亚群体或者激活与刻板印象相反的认知系统，可以有效地降低个体的内隐偏见程度（Rudman et al.，2001）。但以上都是基于实验室研究得出的结果，缺乏生态效度。

3 问题提出

通过梳理以往相关文献，发现在性别偏见研究领域存在以下问题。

（1）研究范式方面

以往研究或者关注性别偏见内隐系统，或者着重考察性别偏见外显系统，而对性别偏见内隐与外显双系统进行考察的实证研究比较缺乏。另外，从实证与思辨的研究范式看，在我国当前性别偏见研究领域，存在思辨研究较多而实证研究较少的状况，尤其缺乏针对性别偏见外显系统的实证研究。在西方外显性别偏见研究领域，应用女性态度量表（AWS）、性别角色平等态度量表（SRES）、传统与现代性别偏见量表（O-MSS）以及矛盾性别偏见量表（ASI）等测量工具产生了大量的研究结果。有研究者总结了20世纪70年代以来西方性别角色态度发展和变化（郭爱妹、张雷，2000），认为随着大量已婚女性进入劳动力市场，其就业与教育权利受到法律保障，人们的性别刻板印象已经明显减弱。相对于西方丰富的研究成果，我国在这一领域的研究更显匮乏，尤其是实证研究。通过查阅中国知网等国内几大文献数据库我们可以发现，对性别偏见的研究大多停留在思辨的层面（陈应心，2009；熊会、仝雪，2006），实证研究比较少见，尤其缺乏对当代社会成员性别偏见状况的研究。性别偏见的概念在变化，时代在发展，偏见作为一种态度也在发生变化。因此，有必要采用信效度较高的测量工具对我国当代社会成员的性别偏见状况进行考察，从内隐和外显双系统全面解析我国当前社会是否存在性别偏见状况，若存在，其以何种形式存在？性别偏见程度如何？

（2）研究内容方面

以往研究过多关注偏见持有者的人格特点以及偏见产生的原因，而对于受偏者的心理研究较少。因此，有必要同时考察持偏者和受偏者的心理特征，分两条主线分析性别偏见可能导致的消极后果。另外，对偏见的认知机制如刻板印象研究较多，而对于偏见的情感与行为倾向成分关注较少。在我国心理学研究领域对于偏见的情感与行为倾向成分的实证研究尤其缺乏。因此，有必要对性别偏见的情感与行为倾向成分进行考察，以丰富性别偏见领域的研究内容。

（3）研究方法方面

随着技术的变革，测量态度的方法已由外显转向内隐。但是以往研究对于外显与内隐态度之间关系的结论并不一致，因此有必要进一步考察两者之间的关系，以解决在态度研究中外显与内隐研究方式何者更能测量到被试真实态度的问题。这也是本研究对性别偏见进行内隐与外显双系统解析的原因之一。

以往对于性别偏见的研究结论大多通过实验室研究获得，对于性别偏见这种社会性的问题来说缺乏生态效度，因此有必要采用情境研究或现场实验的方法以弥补实验室研究的不足。

（4）测量工具方面

自20世纪70年代以来，在性别偏见研究领域常用的量表有女性态度量表（AWS）、性别角色平等态度量表（SRES）、传统与现代性别偏见量表（O-MSS）以及矛盾性别偏见量表（ASI）等。其中，女性态度量表结构简单、易于操作、应用广泛，但因为编制时间较久，并且容易受到社会称许性的影响，不宜直接用于对当代大学生的测量。性别角色平等态度量表包含对男女两性的态度，而本研究的性别偏见重在对女性偏见态度的考察，加之东西方文化的差异性，故也不宜直接应用。传统与现代性别偏见量表在对女性态度的测量方面比较笼统，并未进行维度划分。并且上述量表都是在西方文化背景下编制的，在中国文化背景下应用缺乏文化适切性。而我国学者编制的测量工具也是针对男女两性，维度划分不够细致并且未提供问卷质量方面的相关信息。社会的发展、时代的进步、文化的多元化使得当代大学生的观念发生了巨大变化。因此，有必要重新编制性别偏见量表，用于研究当代大学生的性别偏见程度。

（5）干预性别偏见的方法与途径方面

在此之前，有相当一部分减少性别偏见的研究是在严格控制实验条件的实验室中完成的，而性别偏见却是在社会化过程中逐渐形成的一种偏颇观念，因此研究效度引发了人们的质疑。由于被试、场地、时间等方面的限制，旨在减少性别偏见的现场干预研究比较缺乏。但互相接触、深入了解等减少性别偏见的途径只有在现场研究中才能得以实施。因此，有必要实施现场干预研究，采取多元化的训练方式对性别偏见进行干预。

对于性别偏见的干预效果，以往研究也存在不一致的结论。尤其是关于内隐性别偏见的改变情况，需要进一步明确。

（6）理论系统建构

态度与行为之间的关系一直是社会认知领域研究的热点问题之一。由于偏见的表现形式及意识状态的不同，对于偏见态度与行为之间的关系，不同研究所得结果就不一致。另外，有必要加入情境及动机变量，考察不同情境下及处于意识层面的意志努力对于外显偏见和处于无意识状态的内隐偏见的作用，并重新考量不同偏见态度对于行为的影响，从而在此基础上建构偏见态度与行为之间的关系模型。

第三章

大学生现代性别偏差态度调查问卷的编制*

1 引言

自20世纪70年代以来，在性别偏见研究中常用的量表包括女性态度量表（AWS）、性别角色平等态度量表（SRES）、传统与现代性别偏见量表（O-MSS）以及矛盾性别偏见量表（ASI）等。其中，女性态度量表编制于1972年，用于测量人们对于女性的权利、角色与责任所持的态度。该量表结构简单、易于操作、应用广泛，但因为编制时间较久，并且容易受到社会称许性的影响，不宜直接用于对当代大学生的测量。性别角色平等态度量表编制于1981年，用于测量对男女非传统性别角色的认同程度，即个体的性别平等意识。该量表将性别偏见划分为5个维度，包含具体的生活情境，因而具有较高的生态效度。但是该量表却包含对男女两性的态度，而本研究的性别偏见重在考察对女性的偏见，加之东西方文化的差异性，也不宜直接应用。传统与现代性别偏见量表以及矛盾的性别偏见量表分别编制于1995年和1996年。它们在对女性态度的测量方面比较笼统，并未进行维度划分。并且上述量表都是在西方文化背景下编制的，在中国文化背景下应用则缺乏文化适切性。而我国学者编制的测量工具也是针对男女两性，维度划分不够细致，并且未提供问卷质量方面的相关信息。总之，许多量表内容陈旧，测量项目过多，不能准确而真实地反映当今社会人们的性别角色态度（Beere，1990；Fassinger，1994）。现有的测量工具，多为20世纪90年代之前根据西方文化而编制的，内容陈旧，测量项目太多，量表太长，已不能适应时代的发展。简短、新颖、全面应是当今性别偏见测量工具发展的一个趋势（郭爱妹等，2000）。

---

* 本章主体内容已发表，见：贾凤芹，刘电芝. 大学生现代性别偏差态度问卷编制及现状调查［J］. 苏州科技大学学报（社会科学版），2016，33（05）：86－93.

考虑到性别偏见的表现形式已由外显公开向微妙隐蔽转化，以及加入不同的社会生活情境可以增加量表的外部效度，本研究拟自编包含不同维度的、具有微妙隐蔽特征的现代性别偏见量表，用以研究当代社会的外显性别偏见状况。量表编制过程如下：首先采用开放式调查问卷获得关于性别偏见的各种行为或特征表述，经过编码后进行项目汇总。依据性别偏见理论并参考以往调查问卷，形成调查问卷的基本维度，编制调查问卷的初步文本。征求专家的意见，并在大学生中进行初测。随后对调查问卷进行两次修订。在此过程中，按照测量学的标准进行项目分析、探索性因素分析和验证性因素分析，检验调查问卷的质量，并最终确定调查问卷的结构。本调查问卷的编制可以为全面深入了解当前社会的性别偏见状况提供有效的测评工具。

2　方法

2.1　研究对象

采用整群分层随机抽样方法，从苏州科技大学学生中抽取被试。被试信息详见表3-1、表3-2和表3-3。

用于开放式调查问卷的被试为96人。由研究者亲自主持，在全校公共选修课《性别角色与人际交往》和《心理学与生活》第一次上课时集中发放给学生，测试完毕后当场收回。研究对象的组成结构见表3-1。

表3-1　开放式问卷调查对象基本资料表

变量		人数/名	所占百分比/%
性别	男	38	39.6
	女	58	60.4
年级	大一	32	33.3
	大二	41	42.7
	大三	23	24.0
专业	文科	41	42.7
	理科	55	57.3

（2）用于问卷探索性因素分析的有效被试为320名大学生，分别来自人力资源管理、社会工作、社会保障、化学、传媒与数字技术等专业。研究对象的组成结构见表3-2。

表 3-2　探索性因素分析被试基本资料表

变量		人数/名	所占百分比/%
性别	男	145	45.3
	女	175	54.7
年级	大一	96	30.0
	大二	97	30.3
	大三	95	28.8
	大四	32	9.7
专业	文科	122	38.1
	理科	198	61.9

（3）用于调查问卷的信度检验及结构效度和效标关联效度检验的有效被试为 403 名大学生，分别来自人力资源管理、社会工作、社会保障、思想政治教育、应用心理学、化学、传媒与数字技术等专业。3 周后再选择参加过正式测试的有效被试 172 人进行重测，随机抽取 1、2、3 年级各两个班同学，最终获得有效调查问卷 162 份。

表 3-3　信效度检验被试基本资料表

变量		人数/名	所占百分比/%
性别	男	180	44.7
	女	223	55.3
年级	大一	213	52.9
	大二	132	32.8
	大三	95	14.5
生源地	乡村	222	55.1
	城镇	181	44.9
专业	文科	201	50.0
	理科	201	50.0
独生子女与否	独生子女	264	65.5
	非独生子女	136	34.5

2.2　效标量表

（1）现代性别偏见量表，测量个体否认性别歧视、反感女性争取权利以及拒绝为女性提供更多利好政策与福利的程度（Swim，Aikin，Hall

& Hunter，1995）。该量表由 8 个项目组成，原作者报告内部一致性系数为 0.92。西方学者在应用此量表的过程中发现其具有较好的信效度（Chu，2011），因此本研究将该量表作为自编现代性别偏见调查问卷的效标量表。

目前并未发现修订后的中文版，因此，本研究首先进行了对现代性别偏见量表的修改工作。英文量表来自 2011 年 PO SEN Chu 的博士论文（Chu，2011）。修订过程采用标准的翻译—回译程序。首先请心理学专业的研究者对 8 个英文项目逐一进行翻译，再请英语专业的教师将翻译后的汉语项目翻译成英语。最后，请 3 位心理学者对 8 个项目的中、英文翻译逐一进行比对分析，并形成此量表的中文版（见附录 2）。本研究中量表的内部一致性系数为 0.729，三周后重测的稳定性系数为 0.732，表明该量表具有较好的内部一致性信度和重测信度。本研究采用 Likert 量表 5 点计分方法，从 1 到 5 分，依次代表“非常不同意”“比较不同意”“介于同意与不同意之间”“比较同意”“非常同意”。得分越高，表示对女性的偏见程度越高。

（2）性别角色平等态度量表

性别角色平等态度量表，用来测量个体的性别平等意识即对于男女非传统性别角色的认同程度。本研究采用性别角色平等态度量表（见附录 3），其内部一致性系数为 0.940，三周后的重测信度为 0.880（King et at.，1990）。本研究中该量表的内部一致性系数为 0.853。本研究采用 Likert 量表 5 点计分方法，从 1 到 5 分，依次代表“非常不同意”“比较不同意”“介于同意与不同意之间”“比较同意”“非常同意”。得分越高，表示对传统社会性别刻板印象越认同，性别偏见程度越高。

2.3　研究程序

第一步，确定性别偏见的基本结构。

首先，在苏州科技大学公共选修课“性别角色与人际交往”和“心理学与生活”第一次上课期间，在课堂上随机选取 96 名大学生，让他们写出 4～5 个社会生活中常见的性别偏见现象，并写出自己在生活中遇到的 4～5 个性别偏见现象以及自己的感受。随后由 3 位心理学工作者对这些书面材料做编码分析，被试提到一个性别偏见现象记 1 分。然后对开放式问卷结果进行编码和项目汇总。根据性别偏见概念、微妙性别偏见理论，结合开放式调查问卷结果，梳理出性别偏见的基本结构。

第二步，确定项目来源，形成初测量表。

以上述研究所得性别偏见基本结构为理论框架，根据性别偏见的定义、性别偏见的理论，结合开放式调查问卷的调查结果，并借鉴其他相关调查问卷，编制出现代性别偏见预测调查问卷。

根据测量学专家的建议，预测调查问卷的项目数应该是最后确定的调查问卷项目数的2～4倍（刘衍玲，2007）。本研究中，构想有5个维度，按照正式调查问卷中每个维度包含不低于3个项目的标准，共编制了40个项目，每一维度包含8个项目。该问卷采用Likert量表5点计分法，请被试根据自己的真实想法回答，从1到5依次表示“完全不同意”“比较不同意”“介于不同意和同意之间”“比较同意”“非常同意”。得分越高，表示对女性的传统社会性别刻板印象越强烈，性别偏见的程度越高。

请心理学教师和研究生分别对调查问卷初稿的每一个项目进行逐一讨论，并就整体质量进行评价。根据反馈意见，对调查问卷进行修订和调整。然后将问卷发给76名心理学专业大学生，让他们对问卷中每一个项目的清晰程度进行评价。根据反馈结果，再一次对调查问卷进行修订和调整。

第三步，初步测试，确定正式调查问卷。

对苏州科技大学大学生进行初测，对初测结果进行探索性因素分析，确定正式施测的量表。

第四步，复测。

对苏州科技大学不同年级、不同专业的被试集体施测。以此结果进行验证性因素分析，考察正式量表的信效度。为了获得重测信度，其中一部分大学生在间隔3周后重测。本研究还考察了量表的结构效度及效标关联效度。其中效标关联效度以现代性别偏见量表和性别角色平等态度量表为效标。

3 结果

3.1 大学生性别偏差态度结构的初步确立

按照一般成年人的社会生活领域，将大学生报告的性别偏见现象汇总归类。结果性别偏见现象主要存在于以下7个领域：职业领域、婚姻领域、家庭教育领域、学校教育领域、社会交往领域、生活与行为方式领域、社会地位领域。具体频次见表3-4。

表 3-4　性别偏见现象及频次

领域	性别偏见现象	频次
职业	就业机会（男生优先，对女生要求高）	76
	领域（男性从事技术类、女性从事服务类）	65
	发展前景（男性做领导、升迁机会大）	46
	薪酬待遇（男性高，女性低）	33
婚姻家庭	希望生男孩（延续香火、养儿防老、男孩有出息）	57
	男主外、女主内（男人外出赚钱，女人照顾家庭）	52
	对待男、女方式不同，更看重男孩	43
	男尊女卑（男性对家庭重大事件有决策权）	35
父母角色	母亲负责照顾孩子	32
	母亲陪伴孩子	30
	母亲给孩子辅导功课	29
	父亲在教育孩子时更有权威	29
学校教育	受教育机会：资源有限时，先支持男孩读书（砸锅卖铁也要供男孩上学，女孩反正要嫁人，只要不是文盲就行；姐姐成绩好，也只是上了中专，但一定要让弟弟上大学）。大学与研究生招生时，男生优先	34
	老师更看重男生：对男生期望高、课堂上提问多、耐心解答他们的问题	36
	男生适合理科，女生适合文科：男生学文科会被人看不起	27
	老师对待男、女生方式不同：同样犯错误，只批评男生	24
社会交往	男性主动：恋爱时，男生埋单；男追女；结婚完全由男性操办，	31
	女士优先	41
	男性更善于应酬	32
	男性大气，女性小心眼	23
	插队时，男生挨白眼，女生被原谅	16
行为方式	对女性活动领域的限制：女孩不能下池塘游泳、捉鱼、爬墙；不赞同女孩参加篮球等体育运动；女孩要在家做家务，男孩就可以出去疯玩；女孩最好不要去娱乐场所	48
	对女性行动方式的限制：女孩要有女孩的样子——文静、端庄、注重仪表（不能穿过分休闲的衣服）、不能独自外出旅游；吹口哨被爸爸呵斥；不能说脏话	46
	对女性行动时间的限制：不能在外过夜，不能晚归	25
社会地位	男性社会地位高，女性低	24
	女性就像是花瓶摆设，无实际才能	4

根据本研究对性别偏见的界定，剔除掉对男性行为的描述，这样就去除了“社会交往”维度。根据性别偏见的概念，剔除掉对女性明显的负面态度的陈述，如“女性就像是花瓶摆设，无实际才能”。再根据各现象出现的频次，删除频次少于20次的陈述，这样就去除了“社会地位”维度。结果将性别偏见出现的领域分为5个：职业领域、婚姻家庭领域、父母角色领域、学校教育领域、社会行为领域。见表3-5。

表3-5　性别偏见领域及描述

性别偏见名称	性别偏见描述
职业领域性别偏见	发展领域（男性专业技术类，女性服务类） 发展机会（招聘、培训、晋升中女性机会比男性少） 薪酬待遇（男高，女低）
婚姻家庭领域性别偏见	男主外，女主内（男人外出赚钱，女人照顾家庭） 女性需要得到男性保护；男性对家庭重大事件有决策权
父母角色领域性别偏见	母亲负责陪伴照顾孩子 父亲在教育孩子时更有权威
学校教育领域性别偏见	教育机会：家庭资源有限时，先支持男孩接受学校教育 入学机会：本科生与研究生招生时，男生优先 选择科目：男生适合理工科，女生适合人文社科类 教师期待：对男生期望值高 教育方式：同样犯错误，只批评男生，不批评女生
社会行为领域性别偏见	对女性活动领域的限制：女性的活动要以家庭为中心 对女性行动方式的限制：女孩要守规矩；女孩要有女孩的样子 对女性行动时间的限制：不能在外过夜，不能晚归

根据性别偏见定义和微妙性别偏见理论，对开放式调查问卷的结果进行定性分析，形成大学生现代性别偏差态度结构。见图3-1。

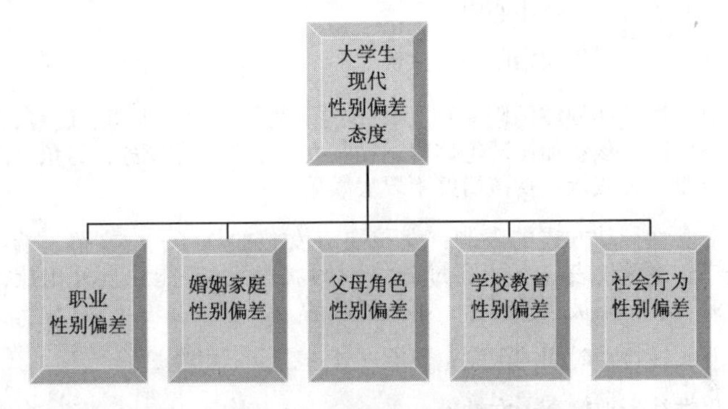

图3-1　大学生现代性别偏差态度结构图

3.2　预测调查问卷的探索性因素分析

因素分析是用少数几个因子来描述许多指标或因素之间的联系，用较少几个因子反映原有资料的大部分信息的多元统计方法。因子分析的过程实际是降维处理的过程。

3.2.1　预测调查问卷的项目分析

对调查问卷进行项目分析的目的是评估项目的鉴别力，通常采用临近比分析和题总相关分析的方法。临近比分析是求出调查问卷中每个项目的决断值（Critical Ration，简称为CR）。CR分析的过程是将调查问卷中各项目相加得到问卷总分，取总分高端27%作为高分组，低端27%为低分组，对两组在每个项目上的平均分进行独立样本t检验。如果检验结果表明差异呈显著性水平，则表示该项目有较好鉴别力，适宜进行因素分析；如果差异没有达到显著性水平，则予以剔除。题总相关分析是求每一项目的得分与调查问卷总分的相关系数，相关系数越高表示该项目与调查问卷的一致性越好，越适宜进行因素分析。本研究采用Pearson相关，将相关系数小于0.3的项目删除。结果见表3-6。

表3-6　大学生现代性别偏差态度调查问卷项目分析结果

项目号	决断值（CR）	题总相关（r）	项目号	决断值（CR）	题总相关（r）
1	11.102***	0.524***	15	15.121***	0.690**
2	14.545***	0.655***	16	8.847***	0.443***
3	15.769***	0.701***	17	8.398***	0.431***
4	9.430***	0.467***	18	10.341***	0.502***
5	10.220***	0.492***	19	14.681***	0.672***
6	14.923***	0.682***	20	14.177***	0.645***
7	12.567***	0.603***	21	13.890***	0.634***
8	15.083***	0.684***	22	8.991***	0.450***
9	11.488***	0.545***	23	13.449***	0.629***
10	5.498***	0.235**	24	9.577***	0.472***
11	12.197***	0.588***	25	9.938***	0.474***
12	11.698***	0.549***	26	7.021***	0.405***
13	14.359***	0.649***	27	9.806***	0.473***
14	5.925***	0.287**	28	7.965***	0.423***

续表

项目号	决断值（CR）	题总相关（r）	项目号	决断值（CR）	题总相关（r）
29	12.231***	0.591***	35	12.913***	0.621***
30	14.716***	0.677***	36	7.633***	0.416***
31	9.021***	0.453***	37	14.997***	0.683***
32	7.259***	0.409***	38	13.280***	0.626***
33	7.876***	0.421***	39	8.133***	0.425***
34	10.104***	0.481***	40	9.179***	0.458***

注：* 代表 $p<0.05$，** 代表 $p<0.01$，*** 代表 $p<0.001$，下同。

根据项目分析的结果，40 个项目的临界比率（CR 值）均达到显著水平（$p<0.001$），各项目得分与问卷总分之间的相关也都达到显著水平（$p<0.01$）。由于项目 10 与项目 14 的题总相关系数低于设定的标准值 0.3，相关水平较低，故将其删除。其余 38 个项目的统计结果较为理想，显示有较好的鉴别力，可以进行因素分析。

3.2.2 适当性检验

样本因素分析的前提是变量之间存在相关，相关性愈大，表明变量间的相关因素越多，越适合进行因素分析。一般采用取样适当性量数（KMO）和 Bartlett 球形检验值作为评判相关性的指标，数值越大，越适合进行因素分析。具体而言，KMO 的数值若为 0.9 以上，则表明非常适合做因素分析；若为 0.8 ~ 0.9，则表明很适合做因素分析；若为 0.7 ~ 0.8，则表明比较适合做因素分析；若为 0.6 ~ 0.7，则表明可以做因素分析；若为 0.6 以下，则表明不适合进行因素分析。另外，如果 Bartlett 球形检的 χ^2 值达到显著水平，则表示变量间有共同因素存在，适合进行因素分析。本研究中，KMO 值为 0.877，Bartlett 球形检验统计量为 2656.937（$df=319$，$p<0.001$）说明数据间的相关矩阵存在共享因素，题项变量间的关系良好，适合做因素分析。见表 3-7。

表 3-7 大学生现代性别偏差态度调查问卷 KMO 和 Bartlett 球形检验结果（$n=320$）

取样适当性量数		0.877
Bartlett 球形检验	χ^2	2656.937
	自由度	319
	显著性	0.000

3.2.3　项目筛选

项目筛选时通常综合考量以下指标：① 因素负荷。项目负荷值表示该项目与某一公因素的相关程度，值越大，说明关系越密切。一般来说，因素负荷值应该大于0.40，并且只与一个公因素相关度高。如果某一项目在两个公因素上的负荷值都高，且相关系数接近，则表示该项目出现了跨维度的现象，应予以删除。② 共同度。共同度说明了某一项目被公因素解释的程度，应不低于0.2。③ 项目数。每一维度的项目数应该不少于3个。④ 陡坡检验（scree test）。可以通过寻找连续因子间信息量突然下降的拐点来决定因素数目，拐点上方的因子应予以保留。

本研究采用主成分分析法，提取公因素，得到初始因素负荷矩阵。根据方差解释百分比和碎石图抽取5个因素比较合适。再用斜交旋转法求出旋转后因素负荷矩阵。由于正交旋转的假设是分析出来的因素相互独立，而本研究各因素间可能存在相互关联，故采用斜交旋转的方法。删除负荷值小于0.40以及共同负荷值接近的项目，分别为项目10、14、16、17、18、22、24、26、28、31、32、33、34、36、39和40，共计16个项目，最后保留了24个项目。选取特征根大于1的因子，共得到5个公因子，累积解释率为51.684%。各因素特征根、方差贡献率见表3-8，碎石图见图3-2，因子负荷矩阵见表3-9。

表3-8　大学生现代性别偏差态度调查问卷各维度特征根与方差贡献率

因素	初始方差			旋转后方差		
	特征根	方差贡献率/%	累积方差贡献率/%	特征根	方差贡献率/%	累积方差贡献率/%
1	6.486	27.024	27.024	3.341	13.922	13.922
2	1.905	7.939	34.963	3.129	13.036	26.958
3	1.454	6.057	41.020	2.487	10.363	37.321
4	1.289	5.372	46.393	1.912	7.967	45.288
5	1.270	5.291	51.684	1.535	6.396	51.684

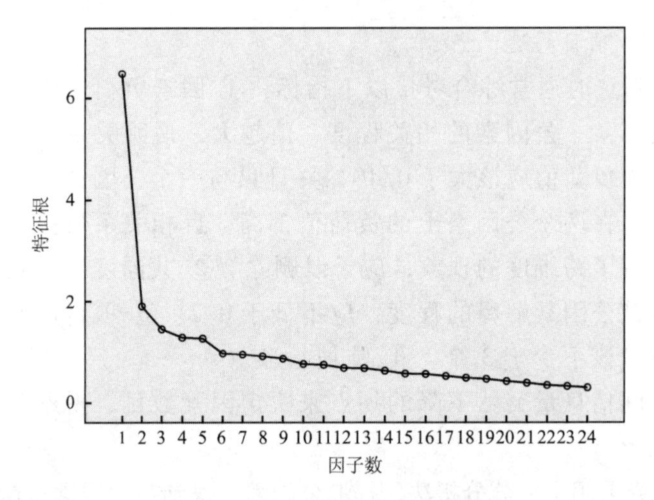

图 3-2　大学生现代性别偏差态度问卷因素分析碎石图

表 3-9　大学生现代性别偏差态度问卷旋转后的因素矩阵

项　目	因素 1	因素 2	因素 3	因素 4	因素 5	共同度
3. 重大家庭事件应该由丈夫主导决策	0. 735					0. 672
13. 孩子随父姓是天经地义的	0. 640					0. 640
2. 女强人往往难以兼顾家庭而成为一个好妻子	0. 633					0. 589
4. 在家庭中，男主外、女主内是比较合适的	0. 590					0. 624
11. 在家庭中，妻子做家务是比较合适的	0. 560					0. 623
12. 在现实生活中，大多数夫妻还是希望生个男孩的	0. 522					0. 476
20. 妈妈比爸爸更适合给小孩换尿布		0. 654				0. 534
23. 在教育孩子方面，母亲比父亲的责任更重		0. 610				0. 550
27. 父亲比母亲拥有更大的权威来教养小孩		0. 468				0. 421
25. 在校外活动中，陪伴孩子绝大多数应是母亲的责任		0. 420				0. 576
15. 男性比女性更适合从事科研技术类工作			0. 766			0. 532
21. 男性比女性更适合担任领导职务			0. 640			0. 626

续表

项　目	因素1	因素2	因素3	因素4	因素5	共同度
6. 招聘时“优先考虑男生”的要求是合理的			0.623			0.774
7. 女性比男性更适合从事服务类行业的工作			0.587			0.591
29. 女性不适合从事建筑类职业			0.516			0.687
5. 男性薪酬高是他们应得的			0.442			0.387
8. 女性更应该注重自己的着装				0.728		0.779
37. 女人更应该注重自己的日常生活规律				0.711		0.689
35. 和男人相比，在公共场合女人更应该注意自己的行为举止				0.651		0.652
30. 女性更适合学文科					0.776	0.773
19. 男生比女生更适合学习理工科类专业					0.746	0.673
38. 在招生中，有些专业不考虑女生是有其合理性的					0.662	0.650
9. 男生比女生的学习潜力更大					0.553	0.451
1. 与女孩相比，对于一个家庭来说，支持男孩读大学更重要					0.524	0.540

注：因素负荷小于0.4者未显示。

根据探索性因素分析的结果，大学生现代性别偏差态度调查问卷（GMSS）共分为5个维度。根据理论模型的构想分别将其命名为：婚姻家庭性别偏见（Family Sexism，简称为FSS）；父母角色性别偏见（Parent-role Sexism，简称为PSS）；职业性别偏见（Occupation Sexism，简称为OSS）；社会行为性别偏见（Social Behavior Sexism，简称为SSS）；教育领域性别偏见（Education Sexism，简称为ESS）。第一个因子FSS包含6个项目，第二个因子PSS包含4个项目，第三个因子OSS包含6个项目，第四个因子SSS包含3个项目，第五个因子ESS包含5个项目。共计24个项目。

3.3　正式调查问卷的信效度分析

3.3.1　信度分析

采用Cronbach'Alpha（α）系数对调查问卷的同质性信度进行检验，采用稳定性系数对问卷3周后的重测信度进行检验。结果各分量表和总量表的内部一致性系数均在0.714至0.820之间，总量表的内部一致性系数为0.859；各分量表的重测信度均在0.631至0.744之间，总量表重测信度为0.785，表明该调查问卷具有较好的信度。系数值见表3-10。

表3-10　大学生现代性别偏差态度调查问卷信度表

	FSS	PSS	OSS	SSS	ESS	GMSS
内部一致性系数（$n=403$）	0.724	0.746	0.789	0.820	0.714	0.859
重测信度（$n=162$）	0.635	0.684	0.730	0.744	0.631	0.785

注：FSS代表婚姻家庭性别偏差分量表；PSS代表父母角色性别偏差分量表；OSS代表职业性别偏差分量表；SSS代表社会行为性别偏差分量表；ESS代表教育领域性别偏差分量表；GMSS代表总体性别偏差态度分量表。下同。

3.3.2　效度分析

本研究采用结构效度和效标关联效度来评估大学生现代性别偏差态度调查问卷的效度水平。

3.3.2.1　结构效度

（1）大学生现代性别偏差态度调查问卷各维度与总调查问卷间的相关

结构效度是检验能够测量到理论上的构想和特质的程度，即测验的结果是否能证实某一理论假设或构想。本研究通过考察各维度之间以及各维度与问卷总分之间的相关关系来检验问卷的构想效度。一般来说，各维度之间呈中低度相关，各分维度与总分之间呈中高度相关，则问卷的结构效度比较理想。在本研究中，各分维度之间的相关也达到了显著水平（$p<0.001$），相关系数在0.326到0.646之间，呈中低度相关。各个分维度与调查问卷总分之间的相关均达到显著水平（$p<0.001$），相关系数在0.672到0.800之间，呈中高度相关。结果表明大学生现代性别偏差态度调查问卷具有较好的结构效度。见表3-11。

表3-11　大学生现代性别偏差态度调查问卷各维度与总分的相关分析（*r*）

	FSS	PSS	OSS	SSS	ESS
PSS	0.605***				
OSS	0.646***	0.519***			
SSS	0.336***	0.326***	0.393***		
ESS	0.493***	0.401***	0.619***	0.357***	
GMSS	0.800***	0.733***	0.832***	0.672***	0.753***

（2）验证性因素分析

本研究通过验证性因素分析，进一步检验大学生现代性别偏差态度调查问卷的结构效度。

本研究利用结构方程模型获得潜变量与观测变量之间的相关和负荷以反映各因素之间的路径，并通过拟合指标反应模型的拟合程度。使用AMOS17.0软件对数据进行处理，主要考虑以下指标：① 绝对适配度指数：常用χ^2/df、RMSEA 和 GFI。χ^2/df 的理论期望值为 1，越接近 1 表示样本的协方差矩阵与估计协方差矩阵的相似度越高；RMSEA（近似误差均方根）小于 0.05 为很好，0.05 ~ 0.07 为较好，大于 0.1 为不理想；GFI（拟合优度指数）大于 0.90 表示匹配较好，大于 0.80 亦可接受。② 增值适配度指数：IFI（递增拟合指数）、TFI（塔克-刘易斯指数）和 CFI（比较拟合指数），三个指标取值范围为 0 到 1，越接近 1，拟合程度越好。结果发现，χ^2/df、RMSEA、GFI、IFI、TFI 和 CFI 的值分别为 2.432、0.062、0.793、0.823、0.816 和 0.803，模型各项拟合指标基本符合测量学要求。图 3-3 显示，大学生现代性别偏差态度调查问卷各因素负荷值介于 0.41 与 0.88 之间。上述指标显示调查问卷具有较好的结构效度。

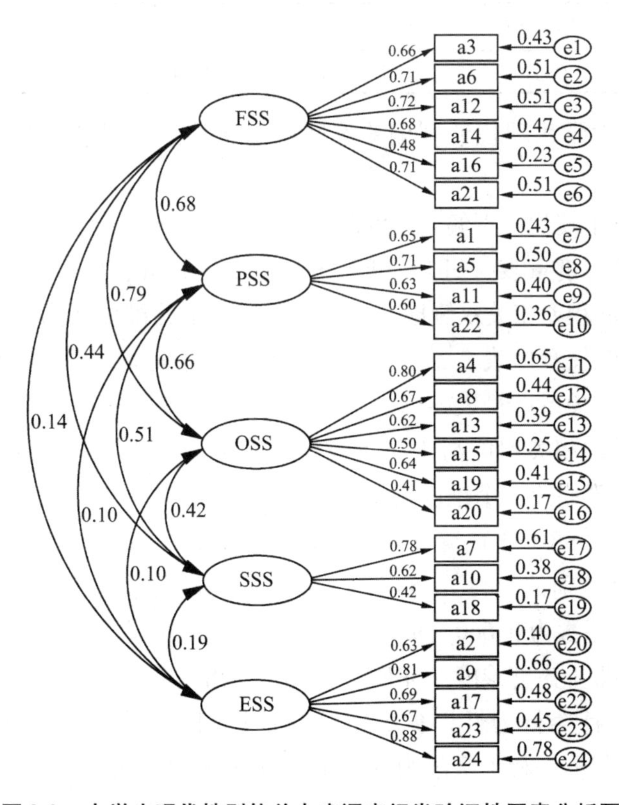

图 3-3 大学生现代性别偏差态度调查问卷验证性因素分析图

3.3.2.2　效标关联效度

根据大学生现代性别偏差态度的理论构想，本研究拟以现代性别偏见量表（MSS）和性别角色平等态度量表（SRES-BB）作为效标问卷，分别考察自编的大学生现代性别偏差态度问卷与这两个问卷的相关程度，以评估问卷的效标效度。

（1）大学生现代性别偏差态度调查问卷与现代性别偏见量表的相关性

将大学生现代性别偏差态度调查问卷的5个分维度及总问卷得分与现代性别偏见量表（MSS）得分进行相关分析。采用Pearson积差相关双侧检验，结果发现5个分维度及问卷总得分与现代性别偏见量表得分之间均呈现显著正相关（$p<0.001$），相关程度为中低度相关（见表3-12）。结果表明，自编的大学生现代性别偏差态度问卷的总体效标效度较好，大学生现代性别偏差态度量表具有“微妙”的特征。

表3-12　大学生现代性别偏差态度调查问卷与现代性别偏见量表（MSS）的相关分析（r）

	FSS	PSS	OSS	SSS	ESS	GMSS
MSS	0.318***	0.273***	0.337***	0.247***	0.292***	0.386***

（2）大学生现代性别偏差态度调查问卷与性别平等态度量表的相关性

将大学生现代性别偏差态度调查问卷的5个分维度及总问卷得分与性别角色平等态度量表（SRES-BB）5个维度及总量表得分进行相关分析。采用Pearson积差相关双侧检验，结果发现5个分维度及问卷总得分与性别角色平等态度量表各维度及问卷总得分之间均呈现为显著正相关（$p<0.001$）关系（见表3-13）。其中自编问卷各维度得分与效标问卷相应维度得分的相关程度高于与其他维度的相关，且都呈现中高度相关水平。自编问卷中第一个维度婚姻家庭性别偏见得分与效标问卷中的夫妻角色态度维度（SRES-F）得分的相关系数为0.622（$p<0.001$），第二个维度父母角色性别偏见得分与效标问卷中的父母角色态度维度（SRES-P）得分的相关系数为0.660（$p<0.001$），第三个维度职业性别偏见得分与效标问卷中的职业态度维度（SRES-O）得分的相关系数为0.590（$p<0.001$），第四个维度社会行为性别偏见得分与效标问卷中的社会交往态度维度（SRES-S）得分的相关系数为0.815（$p<0.001$），第五个维度教育领域性别偏见得分与效标问卷中的教育态度维度（SRES-E）得分的相关系

数为 0.673（$p<0.001$）。自编问卷各维度得分与效标问卷总分之间呈现出中高度相关，相关系数分别为 0.683、0.623、0.695、0.596 和 0.623（$p<0.001$）。自编问卷总分与效标问卷总分（SRES）之间呈现高度相关，相关系数为 0.852（$p<0.001$）。结果表明，自编的大学生现代性别偏差态度调查问卷的总体效标效度较好（见表 3-13）。

表 3-13　大学生现代性别偏差态度调查问卷与性别角色平等态度量表（SRES）的相关分析（r）

	FSS	PSS	OSS	SSS	ESS	GMSS
SRES-F	0.622***	0.360***	0.357***	0.210***	0.263***	0.588***
SRES-P	0.412***	0.660***	0.410***	0.192***	0.288***	0.503***
SRES-O	0.328***	0.295***	0.590***	0.218***	0.300***	0.453***
SRES-S	0.355***	0.306***	0.382***	0.815***	0.336***	0.606***
SRES-E	0.298***	0.296***	0.339***	0.213***	0.673***	0.475***
SRES	0.683***	0.623***	0.695***	0.596***	0.623***	0.852***

4　分析与讨论

4.1　大学生现代性别偏差态度调查问卷编制的必要性

在性别态度研究领域有效的测量工具包括女性态度量表（AWS）、性别角色平等态度量表（SRES）、传统与现代性别偏见量表（O-MSS）以及矛盾性别偏见量表（ASI）等。女性态度量表（AWS）是单维结构的，不能够反映不同社会生活领域的偏见状况。而且量表在使用中还发现存在天花板效应（ceiling effect），并且容易受社会称许性的影响。性别角色平等态度量表（SRES）测量的是对男女两性的非传统性别角色态度，也就是既包括对男性的态度，也包括对女性的态度。传统与现代性别偏见量表（O-MSS）虽然分为传统与现代两个维度，但是也未涉及不同社会生活领域的分类问题。而本研究中的性别偏见是在社会生活领域存在的更广泛的对女性的负面态度。加之，上述三份量表的共性问题还包括编制年代较早，并且主要针对西方文化背景下的被试，因而缺乏时效性与文化适切性。由此，有必要编制一份适应中国文化背景与社会现实的问卷。

4.2　大学生现代性别偏差态度调查问卷编制的有效性

本研究根据性别偏见概念、微妙隐蔽性别偏见理论，并结合对 96 名大学生开放问卷的调查结果，从理论上构建了性别偏见的框架结构以及构成要素，并遵循心理测量学的基本研究范式，编制了大学生现代性别偏差态度调查问卷，同时对该问卷进行了信效度检验。本研究自编的大学生现代性别偏差态度初测问卷包括40个项目，经由项目分析过程删除2个题总相关度低的项目。通过在320名大学生中进行施测，对所得数据进行探索性因素分析，结果抽取出5个因子，共24个项目。抽取的因子数与理论构想的维度一致，证明了大学生现代性别偏差态度量表构成要素的合理性。经过信度检验，此问卷5个维度的内部一致性系数和3周后重测的相关系数均达到显著性水平，表明本调查问卷具有较高的内部一致性信度和重测信度。5个维度之间呈现显著正相关关系，达到中低度相关水平，表明本调查问卷具有良好的区分度。本调查问卷各个维度与总调查问卷之间呈现显著正相关关系，达到中高度相关水平，表明本调查问卷具有良好的结构效度。验证性因素分析的结果表明，本调查问卷的各项效度指标均符合心理测量学的标准，问卷结构效度良好。自编的大学生现代性别偏差态度调查问卷各维度及总体与现代性别偏见量表之间呈现显著正相关关系，处于中低度相关水平。说明自编问卷具有“微妙”的性质。自编的大学生现代性别偏差态度调查问卷各维度及总体与性别平等态度量表各维度及总体之间呈现显著正相关关系。自编调查问卷各维度与效标问卷相应维度及总问卷之间达到中高度相关水平；两份调查问卷总体达到高度相关水平。表明本研究自编调查问卷具有良好的效标关联效度，大学生现代性别偏差态度可以分为不同社会生活领域的构想得以证实。

5 结论

（1）大学生现代性别偏差态度调查问卷包括婚姻家庭性别偏差、父母角色性别偏差、职业性别偏差、社会行为性别偏差以及教育领域性别偏差5个维度，通过验证性因素分析证实了理论结构的合理性。

（2）大学生现代性别偏差态度调查问卷具有良好的信效度，可以作为评估性别偏差态度的有效工具。

第四章

当代大学生外显性别偏差态度调查*

1 引言

威尔逊（Wilson）和林德赛（Lindsey）等人提出了双重态度模型理论（Dual Attitudes Model）（Wilson et al.，2000），认为人们对于同一态度客体能同时存在两种不同的评价，一种是能够被人们所意识到、所承认的外显的态度，另一种则是无意识的、自动激活的内隐的态度。外显的性别偏见是人们能够意识到的对女性的态度。通过梳理文献可知，人们对女性的外显态度已由公开、外显、敌对，转化为微妙、隐蔽、否定。因此，有必要从公开敌对、微妙隐蔽以及善意否定等不同形式来研究性别偏见。

有研究者认为，伴随着女权主义运动，现代西方社会对女性公然敌对的偏见几乎不存在了，而微妙的偏见却随处可见（Myers，2005）。在我国，对女性的偏见由来已久且根深蒂固，但是如今随着社会进步与性别平等政策的实施，女性的地位得以提高，很多女性在社会生活的诸多领域取得成就。尤其是推行计划生育政策以来，独生子女家庭日渐增多，这样一来，家庭资源得以投入到女孩身上，女孩也被寄予了较高期望。在这样环境下成长以来的大学生，受到传统与现代文化、东方与西方、单一与多元等文化的交织影响，他们对于女性的态度必然呈现出与以往不同的特征。而且个体的性别、年龄等背景变量的不同也会影响其性别态度。

鉴于上述原因，本研究拟采用敌意性别偏见量表、自编大学生现代性别偏差态度调查问卷和善意性别偏见量表，分别考察当代大学生外显系统的三种性别偏差态度：公开敌对、微妙隐蔽和善意否定，并分析不同背景变量对其偏见态度的影响。

---

* 本章主体内容已发表，见：贾凤芹，刘电芝．大学生现代性别偏差态度问卷编制及现状调查［J］．苏州科技大学学报（社会科学版），2016，33（05）：86－93.

2 方法

2.1 研究对象

用于大学生现代性别偏差态度调查问卷信效度检验的403名大学生被试（见第三章中“研究对象”的相关内容）。

2.2 研究工具

（1）大学生现代性别偏差态度调查问卷

自编大学生现代性别偏差态度调查问卷（GMSS），分为婚姻家庭性别偏差（FSS）、父母角色性别偏差（PSS）、职业性别偏差（OSS）、社会行为性别偏差（SSS）、教育领域性别偏差（ESS）5个维度，测量对女性的偏差态度（见附录1）。本问卷共24个项目，要求被试按照自己的真实想法回答。采用Likert量表5点计分方式，从1至5分分别代表“非常不赞同”“比较不赞同”“介于赞同与不赞同之间”“比较赞同”“非常赞同”。得分越高说明被试越认同女性传统性别角色，性别偏见程度越深；而且越不认同女性受到的不公正待遇，隐蔽的性别偏见程度越深。本问卷具有较好的测量学指标：总问卷内部一致性系数为0.859，5个分维度的内部一致性系数介于0.714至0.820之间；总量表重测信度为0.758，各分量表的重测信度在0.631至0.744之间，信度良好。经检验结构效度与效标关联效度良好。

（2）敌意性别偏见量表和善意性别偏见量表

敌意性别偏见量表和善意性别偏见量表，分别用来测量对于女性的公开敌意和善意否定态度。我国研究者陈志霞教授等通过标准的翻译—回译程序修订了中文版（何方玲，2009）。考虑到文化差异以及反向计分题目比较难于理解，Glick与Fiske在使用该量表进化跨文化研究时删除了六个反向计分题目。我国研究者蔡学青、陈志霞也采用这一做法，在使用敌意性别偏见和善意性别偏见量表中文版时共保留16个正向题目，并进行了信度检验。结果，敌意性别偏见分量表内部一致性系数为0.746，善意性别偏见分量表内部一致性系数为0.660，具有较好的信度，项目测量的可靠性较高。本研究采用蔡学青修订的中文版本（蔡学青，2009），敌意性别偏见与善意性别偏见两个分量表各8个题目（见附录4和附录5）。问卷采用 Likert 量表 5 点计分方式，从 1 至 5 分分别代表“非常不赞同”“比较不赞同”“介于赞同与不赞同之间”“比较赞同”“非常赞同”。敌意性别偏见和善意性别偏见得分分别为各分量表对应项目的平均分，得分越高表示敌意或善意性别偏见程度越高。在本次研究中该量表敌意性别偏见项目内部一致性系数为 0.720，善意性别偏见分量表内部一致性系数为 0.688，具有较好的信度，项目测量的可靠性较高。

2.3　研究程序

采用团体施测的方法，利用课余时间将学生召集到实验室，当场发放调查问卷并由学生回答，完成后调查问卷被当场收回。主试为心理学教师。

2.4　数据处理

所有数据均采用 SPSS18.0 进行统计分析，主要采用方差分析、独立样本 t 检验和单因素方差分析（ANOVA）。

3　结果

3.1　当代大学生外显性别偏差态度的总体特征

3.1.1　大学生现代性别偏差态度的总体特征

对大学生现代性别偏差态度的 5 个维度得分进行描述性统计，并对各分量表的得分进行重复测量方差分析，结果如表 4-1 所示。

从表 4-1 可知，就 5 个维度的得分而言，大学生对女性社会行为方面持有的性别偏见程度最高（3.387 ±0.868），其次是教育领域，最低的是父母角色领域（2.415 ±0.653）。在随后进行的 LSD 检验中，对平均数进行两两比较，结果显示，社会行为分量表得分显著高于婚姻家庭、父母角色、职业和教育领域分量表得分（$p < 0.001$）；教育领域分量表得分显著高于婚姻家庭、父母角色、职业分量表得分（$p < 0.001$）；婚姻家庭分量表得分显著高于职业和父母角色分量表得分（$p < 0.001$）；父母角色分量表得分显著低于其他四个分量表得分（$p < 0.001$）。结果表明，大学生在社会行为和教育领域表现出比较明显的性别偏见。

表 4-1 大学生现代性别偏差态度现状分析（$M \pm SD$）（$n=403$）

	M	SD
FSS	2. 887	0. 709
PSS	2. 415	0. 653
OSS	2. 679	0. 719
SSS	3. 387	0. 868
ESS	3. 124	0. 713
F	101. 407***	
LSD 检验	SSS > FSS***，SSS > PSS***，SSS > OSS***，SSS > ESS*** ESS > OSS***，ESS > PSS*** ESS > FSS*** FSS > OSS***，FSS > PSS***	

3. 1. 2 大学生三类外显性别偏差态度的总体特征

对大学生敌意性别偏见、现代性别偏见和善意性别偏见三类外显性别偏见得分进行描述性统计，并对得分进行重复测量方差分析，结果如表 4-2 所示。

表 4-2 大学生三类外显性别偏见现状分析（$M \pm SD$）（$n=403$）

	M	SD
GMSS	2. 898	0. 552
BS	3. 447	0. 525
HS	2. 939	0. 586
F	116. 406***	
LSD 检验	BS > HS***，S > GMSS***	

从表 4-2 可知，大学生对女性的善意性别偏见得分最高（3. 447 ± 0. 525），其他依次为敌意性别偏见和现代性别偏见。其中敌意性别偏见与现代性别偏见的分值极为接近。在随后进行的 LSD 检验中，对平均数进行两两比较，结果显示，大学生善意性别偏见得分显著高于大学生敌意性别偏见和现代性别偏见得分，而敌意性别偏见与现代性别偏见得分之间无差异。结果表明，大学生对女性的善意性别偏见程度最高，而敌意性别偏见与现代性别偏见的程度相近。

3.2　个体背景变量的主效应分析

3.2.1　个体背景变量对大学生现代性别偏差态度的主效应分析

本研究对个体背景变量在大学生现代性别偏差态度上的主效应进行了考察，其中包括性别、专业（文科、理科）、家庭居住地（乡村、城市）和是否为独生子女。结果见表4-3。

表4-3　大学生现代性别偏差态度各维度的背景变量差异性检验

自变量	因变量	平方和	自由度	均方	F
性别	FSS	51.926	1	51.926	70.241***
	PSS	18.378	1	18.378	24.083***
	OSS	41.356	1	41.356	50.168***
	SSS	13.014	1	13.014	8.996***
	ESS	22.755	1	22.755	25.181***
专业	FSS	0.561	1	0.561	1.116
	PSS	1.232	1	1.232	2.898
	OSS	0.555	1	0.555	1.072
	SSS	1.169	1	1.169	1.553
	ESS	0.472	1	0.472	0.927
家庭居住地	FSS	1.310	1	1.310	1.304
	PSS	0.400	1	0.400	0.467
	OSS	0.197	1	0.197	0.189
	SSS	1.425	1	1.425	0.946
	ESS	0.213	1	0.213	0.208
是否为独生子女	FSS	0.630	1	0.630	1.254
	PSS	0.870	1	0.870	2.041
	OSS	1.297	1	1.297	2.515
	SSS	0.023	1	0.023	0.031
	ESS	0.670	1	0.670	1.319

表4-3显示，性别在大学生现代性别偏差态度量表各维度上主效应显著，表明不同性别大学生的性别偏见程度存在显著差异性。其他三个变量即专业、家庭居住地和是否为独生子女的主效应不显著。

3.2.2　个体背景变量下的大学生三类外显性别偏见的主效应分析

本研究对个体背景变量在大学生三类外显性别偏见上的主效应进行了

考察，其中包括性别、专业（文科、理科）、家庭居住地（乡村、城市）和是否为独生子女。结果见表4-4。

表4-4 大学生三类外显性别偏见的背景变量差异性检验

自变量	因变量	平方和	自由度	均方	*F*
性别	HS	21.165	1	21.165	36.380***
	GMSS	27.504	1	27.504	58.423***
	BS	0.048	1	0.048	0.087
专业	HS	0.046	1	0.046	0.134
	GMSS	0.765	1	0.765	2.510
	BS	0.767	1	0.767	2.792
家庭居住地	HS	0.421	1	0.421	0.610
	GMSS	0.050	1	0.050	0.081
	BS	0.032	1	0.032	0.057
是否为独生子女	HS	0.000	1	0.000	0.000
	GMSS	0.589	1	0.589	1.930
	BS	0.605	1	0.605	2.199

表4-4显示，性别在敌意性别偏见、现代性别偏见上主效应显著（$p<0.001$），表明不同性别大学生在敌意性别偏见和现代性别偏见方面存在显著差异性。其他三个变量即专业、家庭居住地和是否为独生子女对大学生敌意性别偏见、现代性别偏见与善意性别偏见的主效应不显著。

3.3 对主效应显著变量的进一步检验

3.3.1 不同性别大学生现代性别偏差态度的差异性分析

采用独立样本t检验考察不同性别大学生在性别偏见量表各分维度的差异，结果见表4-5。

表4-5 不同性别大学生现代性别偏差态度差异分析（$M \pm SD$）（$n=403$）

	FSS	PSS	OSS	SSS	ESS
男	3.531±0.614	2.366±0.639	3.059±0.653	3.595±0.810	3.406±0.639
女	2.569±0.603	2.227±0.600	2.396±0.633	3.288±0.879	2.916±0.695
t	11.851***	6.935***	10.016***	4.180***	7.064***

由表4-5可知，男生在大学生现代性别偏差态度调查问卷各维度得分都显著高于女生（$p<0.001$）。表明男大学生的性别偏见程度高于女生。

3.3.2　不同性别大学生三类外显偏见的差异性分析

采用独立样本 t 检验考察不同性别大学生在敌意性别偏见、现代性别偏见和善意性别偏见方面的差异，结果见表4-6。

表4-6　不同性别大学生三类外显性别偏见差异分析（$M \pm SD$）（$n=403$）

	HS	GMSS	BS
男	3.208 ± 0.475	3.208 ± 0.496	3.439 ± 0.471
女	2.736 ± 0.582	2.667 ± 0.476	3.452 ± 0.563
t	8.492^{***}	10.810^{***}	-0.244

由表4-6可知，男大学生在敌意性别偏见和现代性别偏见调查问卷的得分显著高于女生（$p<0.001$），而在善意性别偏见方面差异不显著。结果表明男大学生的敌意性别偏见和现代性别偏见程度高于女大学生，而在善意性别偏见方面与女生不存在差异。

4　分析与讨论

4.1　当代大学生轻微持有敌意性别偏差态度

本研究发现，当代大学生对女性只是轻微持有公开敌对态度，这与西方学者研究的结果比较一致（Myers，2005）。传统性别偏见的表现为公然对女性的负面态度。他们持有男尊女卑的观念，认为女性缺乏能力，所以应该让男性处于支配地位。持有传统性别偏见者还刻意强调男女的社会刻板印象，认为男女理应得到不同的待遇。当代大学生公开敌对性别偏见的程度较轻微，主要有以下原因。首先，随着社会的进步、文明的提高以及男女平等政策的实施，女性的社会地位得以提高。尤其当代女性在社会生活的诸多领域均有所建树，也为大学生树立性别平等观念提供了充分的例证。另外，被调查的大学生大多是“90后”，他们的女性长辈及亲友大多从事一定的社会工作。从小生长的家庭环境使他们充分认识到女性在家庭和社会中的价值，并且在学校教育中性别平等的观念也得以普及。加之，当今中国的社会文化日益呈现出多元化的趋势，使得当代大学生的思维方式更加具灵活性。

4.2　善意性别偏差态度在当代大学生中普遍存在

本研究发现，当代大学生持有比较严重的善意性别偏见。善意性别偏见理论认为，女性仁慈善良、温柔可爱，因此应该得到男性的保护和珍视。持有善意性别偏见者所赞赏的是与传统性别角色相关的女性特质，如亲和性、乐于助人、热心等。因此善意性别偏见是对女性价值“善意”的否定。主观上善意，却固化了女性的活动范围，强化了女性的劣势地位，巩固了男性的支配地位。善意性别偏见是一种非常隐蔽的偏见形式，由于不容易被人们意识到，也就很难被人识破并试图去打破它。既然有男性为自己提供保护和生活资源，女性也就不会产生反抗男性权威并寻求独立社会地位的念头。

Swim 等人的研究发现，人们往往不将善意性别偏见现象，甚至包括许多敌意性别偏见中的微妙表现形式视作偏见（Swim，Mallett，Russo-Devosa & Stangor，2005）。善意性别偏见维度得分高的女性往往会原谅来自上司的性别歧视行为；一些持有善意性别偏见的家庭主妇甚至会原谅来自丈夫的性别歧视行为，她们甚至将这些性别歧视行为解释为丈夫对自己的体贴和疼爱。当把性别歧视行为看作为女性提供保护的善举时，女性更可能选择默默忍受，而非公开反抗。从这个角度看，善意性别偏见比公开敌对的性别偏见给女性带来的伤害更大。

4.3 当代大学生针对女性行为和教育领域的偏差态度较严重

本研究发现，在所划分的 5 个存有性别偏差态度的社会生活领域中，大学生在社会行为维度得分最高，其他依次为教育领域、婚姻家庭、职业和父母角色。该研究结果表明，大学生在社会行为和教育领域方面对女性持有的偏见程度比较高。男女两性的社会行为模式是在社会化的过程中遵循社会规范而逐渐形成的。从研究结果看，与男性相比，女性被更多并且更严格的社会规范所约束，比如“女性更应该注重自己的着装；在公共场合女人更应该注意自己的行为举止；女人更应该注重自己的日常生活规律”等，无不是在提醒女性要约束自己的社会行为。教育关系到个体未来职业发展及社会适应。本研究结果表明，当代大学生仍然持有男生适合学理工科，女生适合学文科的传统性别刻板印象。反映出他们头脑中存在的“女生抽象思维能力比男性差”的偏颇观念。尽管在理论方面，心理学研究结果已经证实，男女在智力方面无差异，只是各自有自己的优势领域（Eagly，1995）。在现实中，也有许多女生理科成绩优异。但这些仍然改变不了人们头脑中对于女性的消极刻板印象。从本研究结果可以推论，心理学研究中的一些基本结论还未在公众中普及，换句话说，公众的心理学素养有待提高。

这一结果还反映出，中国传统社会对女性长期抱有负面态度，这种偏颇观念代代相传，掩盖了当下女性在诸多社会领域做出贡献的事实。本研究还发现，当代大学生认为，与女性相比，男性接受教育的价值更大，包括给自身带来的益处和惠及家庭方面。比如，他们大多认同这些观念："与女孩相比，对于一个家庭来说支持男孩读大学更重要；男生比女生的学习潜力大。"被调查的大学生对于女性的负性观念，反映了中国社会中普遍存在的"男性比女性更有价值"的偏颇意识。这种偏颇意识在社会中会演化为对女性的种种不公正待遇，如大学招生中有些专业对于女生的限制，研究生招生中有些导师对于女同学的排斥，使得许多在相关领域有兴趣、有才能的女生丧失发展自我、发挥个人潜能的机会。

4.4　男大学生的敌意性别偏差程度高于女生

本研究发现，男生在大学生现代性别偏差态度问卷各维度的得分及总分都显著高于女生（$p<0.001$），敌意性别偏见的得分也显著高于女生（$p<0.001$）。这表明男大学生对女性的公开敌意程度高于女大学生。这一结果与以往研究一致（Ashmore，Del Boca & Bilder，1995；Glick & Fiske，1996）。男大学生敌意性别偏见比女生高的结果，一方面证明了内群体偏好理论，另一方面也反映出公开敌意的外显性别偏见更容易被女性群体辨别。内群体偏好理论认为，我们一般都喜欢与自己相似的人并给予对方正面评价；而不喜欢与自己不同的人并给予对方负面评价。我们往往以积极正面的情绪和特殊待遇去对待内群体成员，而以消极负面情绪和不公正待遇去对待外群体成员。原因是个体要借助于所认同的群体以提高自尊（Tajifel，1982）。

本研究结果发现，在善意性别偏见得分方面男女没有差异，这表明女大学生和男大学生持有相同程度的善意性别偏见。本研究结果与以往的相关研究比较一致。在一项涉及19个国家的性别偏见研究中（Glick & Fiske，2001），男性在敌意性别偏见方面的得分都显著高于女性；而在善意性别偏见方面，有接近一半国家的被试男女没有差异。特别是在性别偏见最为严重的古巴等四个国家，女性善意性别偏见的得分甚至显著高于男性。这似乎表明，随着男性敌意性别偏见程度的增加，女性善意性别偏见程度也会增加。有学者认为，这是女性的一种自我保护策略。越是在性别偏见严重的社会中，女性越需要来自强势群体成员的保护。持有善意性别偏见态度，即女性是需要男性保护的弱者，可以使女性更好地应对来自强势群体的威胁。而为她们提供保护的成员又恰恰来自给她们带来威胁的群体，因此，威胁（性别偏见）越严重，她们越需要得到男性的保护。这就可以解释，为何在性别偏见严重的国家，女性的善意性别偏见程度越高（Glick & Fiske，2001）。

Glick 等人的研究发现（Glick & Fiske，2001），男性在敌意性别偏见与善意性别偏见量表的得分都能够显著预测女性在这两个量表的得分情况。男性敌意性别偏见量表的得分与女性敌意性别偏见量表和善意性别偏见量表得分的相关系数分别为 0.84 和 0.92；男性善意性别偏见量表的得分与女性敌意性别偏见量表和善意性别偏见量表得分的相关系数分别为 0.84 和 0.97。本研究结果与上述结论相似，也证实了系统公正（system justification）理论，即一个社会中占主导地位群体的观念决定了附属群体的观念（Jost & Banaji，1994）。在中国社会中，男性长期处于支配地位，男性对女性的负性观念也会影响到女性对自身的态度。比如，在男性的善意性别偏见中，将女性看作需要保护的弱势群体，认为她们应该固守传统性别角色规范；女性也认同这种观念，她们对相夫教子的女性评价高。

以往有研究发现，男性和女性都更加喜欢女性而不是男性（Eagly & Mladinic，1993）。一个被认为处于劣势的群体，又是如何被接纳和喜爱的呢？这就是一种善意的偏见态度，或者称为“家长式的偏见态度”——充满关爱却否定其价值。善意性别偏见表现出对女性的积极态度，甚至有赞美的成分在其中，比如“每个成功的男人背后都有一个伟大的女人”。因此女性对此也大多欣然接受，甚至将善意性别偏见认为是对自身的积极态度（Glick et al.，2000），而没有意识到这一观念背后隐藏的“女性是需要被保护的弱者和女性应该遵守传统性别角色规范”等“保护性的控制”思想。

5 结论

本研究通过对当代大学生外显性别偏差态度的测量，得出如下结论：① 当代大学生性别偏差态度由公开的敌对转化为隐蔽的否定，善意性别偏见普遍存在。② 当代大学生对女性的社会行为和教育持有比较严重的偏差态度。③ 男大学生比女大学生表现出更多公开敌对的性别偏见。

第五章

内隐性别偏差态度测量及与外显态度的关系分析

1 引言

随着社会认知心理学的兴起及双重态度理论模型的提出（Wilson et al.，2000），处于无意识、自动激活状态的内隐态度逐渐成为研究的热点。

在社会认知研究领域，对外显态度的研究大多采用自我报告的研究方法。该方法从理论上讲至少存在以下三方面的不足。一是被试会主动掩饰自己的真实态度，以免与自己外在的良好形象冲突（Dovidio & Gaertner，1986）。二是被试会迫于社会规范与外界压力而被动地压抑自己的真实态度（Fazio et al.，1995；Plant & Devine，1998）；三是自我报告法高度依赖被试的内省程度，而对于处于个体意识层面以下的态度，由于不能够被被试个体意识到，也就无法报告出来。内隐测验方法却能够较好地解决上述问题，实验研究发现，运用内隐测量技术能够有效测量到被试的内隐偏见态度（Dovidio，Kawakami & Gaertner，2002）。内隐联结测验（IAT）即是其中的范式之一。它被用来测量个体概念系统中，概念之间自动化或深层次联结的强度，在测量内隐态度方面具有较高的效度（Greenwald et al.，1998）。

回顾以往采用内隐与外显两种范式对态度的研究，大部分所得结果显示内隐与外显态度之间呈低度正相关关系（Dovidio et al.，2002）。但也有研究发现，内隐与外显测量结果之间毫无关系，认为两种方法测量的是完全不同的对象（Baggenstos，2001）。因此有必要进一步验证性别偏见态度是单维结构还是两维结构，以及外显和内隐偏见态度之间的关系如何。

有学者对大学生的内隐职业性别刻板印象进行研究，但其中的概念词用到了妈妈、爸爸等对于个人意义特别重大、个体情感反应强烈的词语，容易给测量结果带来偏差（于泳红，2003）。其研究将职业领域划分为专业技术类和服务类。笔者认为，管理类职业和权力、权威相关，在性别偏见研究中更具有灵敏性。因此，本研究将管理类职业和男性之间的联结作为相容性任务。

在人们的传统观念中，一直存在着男主外、女主内，男性适合从事管理类职业，而女性适合从事服务类职业的意识。管理类职业获得评价较高，而服务类职业却被认为对文化素质要求较低、无前途。但随着社会的进步，如今越来越多的女性走上管理岗位，并且近年来服务类行业在我国经济发展中所占的比重越来越大。再加上整个社会一直在倡导男女平等的观念，社会文化也日益呈现多元化的态势。那么，大学生作为知识丰富、思维活跃、观念开放的群体，是否还在内隐层面存在对女性和女性所从事职业的偏见态度呢?

从文献综述可知，以往研究关注了偏见的认知成分，但较少涉及负性评价和情感成分。本研究拟以“负性评价和情感成分”为核心，采用内隐联结测验对当代大学生内隐性别偏见及性别职业偏见状况进行考察，并分析不同背景变量对内隐性别偏见和内隐性别职业偏见的影响，最后分析外显与内隐性别偏见两个系统之间的关系。

2 研究方法

2.1 研究对象

本研究以苏州科技大学385名本科生为研究对象，其中男生164人（占42.6%），女生221人（占57.4%）；一年级学生203人（占52.7%），二年级学生126人（占32.7%），三年级学生56人（占14.5%）；来自乡村205人（占53.2%），来自城镇180人（占46.8%）；独生子女256人（占66.5%），非独生子女129人（占33.5%）；文科200人（占51.9%），理科185人（占48.1%）。以上被试为参加性别偏见外显研究的同一批大学生，经过IAT实验数据与有效外显问卷之间的匹配，剔除一些三个实验未全部做完、实验数据缺失、平均错误率超过20%或者实验过程中猜测出实验目的的被试，最终确定有效被试为385人。

2.2 IAT程序设计

本部分共包括3个IAT实验。① 测量被试对于男女两性的一般内隐态度，记为ITA1；② 测量被试对于女性进入传统男性职业领域（管理类）的内隐态度，记为ITA2；③ 测量被试对于男性进入传统女性职业领域（服务类）的内隐态度，记为ITA3。

2.2.1　IAT 实验材料

概念词：

（1）ITA1 的概念词：男性姓名和女性姓名各 8 个。

根据中华人民共和国公安部全国公民身份证号码查询服务中心提供的中国最常用的姓名和常用名字排行表（前 1000 名），挑选出 10 个最常用的男性名字和 10 个女性名字，邀请 5 名大学生和 1 名心理学教师讨论了名字的普遍性。从中挑选出男性姓名和女性姓名各 8 个，分别为：

男性姓名：张伟、李强、王磊、刘德海、孙涛、王超、许家豪、何志伟；

女性姓名：王芳、李娜、张丽、梁淑娟、罗婷婷、郭雅雯、何佳蓉、朱雅玲。

（2）ITA2 的概念词：男性管理类职业和女性管理类职业各 8 个。

根据《中华人民共和国职业分类大典》所划分的 8 大类职业，分别从 8 个大类中挑选出 8 个典型的管理类职业名称，分别为：经理、法官、行长、校长、市长、销售主管、院长、工程师。然后将它们分别与性别的维度结合起来，得到男性管理类职业与女性管理类职业的概念词，分别为：

男性管理类职业：男经理、男法官、男行长、校长先生、市长先生、男销售主管、男院长、男工程师；

女性管理类职业：女经理、女法官、女行长、校长女士、市长女士、女销售主管、女院长、女工程师。

（3）ITA3 的概念词：男性服务类职业和女性服务类职业各 8 个。

根据《中华人民共和国职业分类大典》所划分的 8 大类职业，分别从 8 个大类中挑选出 8 个典型的服务类职业名称，分别为：护士、保洁员、秘书、营业员、打字员、空中服务员、出纳员、幼儿教师。然后将它们分别与性别的维度结合起来，得到男性服务类职业和女性服务类职业的概念词，分别为：

男性服务类职业：护士先生、保洁员大叔、男秘书、营业员先生、男打字员、空少、男出纳、男幼儿教师；

女性服务类职业：护士小姐、保洁员阿姨、女秘书、营业员小姐、女打字员、空姐、女出纳、女幼儿教师。

属性词：

从《汉语感情色彩双字词词库》中挑选4个效价在6以上的褒义词——从容的、合理的、美好的、优异的；4个效价在3以下的贬义词——紧张的、别扭的、悲观的、平庸的。再添加8个评价性词语，其中4个褒义词——成功的、有价值的、主导的、有前途的；4个贬义词——失败的、无能的、辅助的、无前途的。这样得到积极属性目标词与消极属性目标词各8个，分别为：

积极的属性目标词：从容的、合理的、美好的、优异的、成功的、有价值的、主导的、有前途的；

消极的属性目标词：紧张的、别扭的、悲观的、平庸的、失败的、无能的、辅助的、无前途的。

2.2.2 IAT实验程序

本研究使用Inquisit软件进行编程（冯成志，2009）。IAT实验共分为七个阶段，其中第四阶段重复第三阶段的实验程序，第七阶段重复第六阶段的实验程序。实验的第四阶段和第七阶段均进行40试次，其他五个阶段是对第四阶段和第七阶段的练习，分别做20试次。在实验完成之后，计算IAT值，即第七阶段不相容任务的平均反应时与第四阶段相容任务的平均反应时的差值，以观察是否存在IAT效应。

（1）IAT1的实验步骤

IAT1实验屏幕显示的指导语：

屏幕1：

“您好！请把您左右手的中指放在键盘的E键和I键上，可以看到，屏幕上方分别是积极词和消极词两个类别，与其对应的词会在屏幕中间逐一显示，当屏幕中间的词语属于左边类别时，请按E键；当属于右边类别时，请按I键。每个词只能归入一个类别。如果您做错的话，屏幕的中间就会出现一个“×”来提醒您，此时您只需要按另外一个键来更正错误（如果您是左手按E时出现错误，只需右手按I即可更正）。

这是一个按照反应时进行归类的任务，请尽可能快地完成任务，并且尽可能准确，如果您的速度过慢或者错误过多，那么所得的测验结果将因为无法解释而作废。整个实验大概需要您5分钟的时间。”

屏幕2：

“请注意屏幕上方，积极词和消极词分别已经改为男性姓名和女性姓名，屏幕中间显示的词也将随之改变。但是按键规则不变，和开始时一样。

当中间显示的词属于左侧显示的类别时，请按E键；属于右侧类别时，请按I键。每个词只属于一个类别。当你做错时屏幕中间同样会出现符号“×”来提醒您。和前面一样，按另外一个键即可修正错误。请尽快完成。”

屏幕3：

“从屏幕上方可以看到，前面您所看到的单独呈现的四个类别词现在是一起呈现的。请您依照前面的对应关系将它们归类。

标签和项目都会标出绿色或者白色，这样可以帮助你做出适宜的判断。和前面一样，分别按E键和I键做出反应。更正错误的方式和前面也是一样的。”

屏幕4：

“重复一次上面的分类过程，请尽快分类并且尽可能保证正确率。分别以绿色和白色标出的标签可以帮助你做出恰当的判断。和前面一样，分别按E和I键做出反应。更正错误的方式也和前面一样的。”

屏幕5：

“请注意上方。只有两个种类出现。和前面不同的是，他们的位置对调了。原来在左边的调到右边，而原来在右边的调到左边。请训练一下以适应这种配置。

反应方式和前面一样，依旧是E键对应左边，I键对应右边。”

屏幕6：

“请注意上方，四个词又开始一起呈现，但是呈现的方式有所改变。请您依然按照前面的对应关系将它们归类。

分别以绿色和白色标出来的标签可以帮助你做出恰当的判断。和前面一样，分别按E和I键做出反应。更正错误的方式也和前面一样的。”

屏幕7：

“重复一次上面的归类过程，请尽快分类并且尽可能保证正确率。

分别以绿色和白色标出的标签可以帮助你做出恰当的判断。和前面一样，分别按E和I键做出反应。更正错误的方式也是和前面一样的。”

表 5-1 IAT1 的实验步骤

编号	任务描述	刺激词类别	刺激词示例
1	联想属性词辨别 （Associated attribute discrimination）	E 积极性词 消极性词 I	E 成功的 失败的 I
2	初始靶词辨别 （Initial target-concept discrimination）	E 男性姓名 女性姓名 I	E 张伟 王芳 I
3	初始联合辨别 （Initial combined task）	E 积极性词/男性姓名 消极性词/女性姓名 I	E 成功的/张伟 失败的/王芳 I
4	初始联合辨别 （Initial combined task）	E 积极性词/男性姓名 消极性词/女性姓名 I	E 成功的/张伟 失败的/王芳 I
5	相反靶词辨别 （Reversed target-concept discrimination）	E 女性姓名 男性姓名 I	E 王芳 张伟 I
6	相反联合辨别 （Reversed combined task）	E 积极性词/女性姓名 消极性词/男性姓名 I	E 成功的/王芳 失败的/张伟 I
7	相反联合辨别 （Reversed combined task）	E 积极性词/女性姓名 消极性词/男性姓名 I	E 成功的/王芳 失败的/张伟 I

（2）IAT2 的实验步骤

表 5-2 IAT2 的实验步骤

编号	任务描述	刺激词类别	刺激词示例
1	联想属性词辨别 （Associated attribute discrimination）	E 积极性词 消极性词 I	E 成功的 失败的 I
2	初始靶词辨别 （Initial target-concept discrimination）	E 男性职业 女性职业 I	E 男经理 女经理 I
3	初始联合辨别 （Initial combined task）	E 积极性词/男性职业 消极性词/女性职业 I	E 成功的/男经理 失败的/女经理 I
4	初始联合辨别 （Initial combined task）	E 积极性词/男性职业 消极性词/女性职业 I	E 成功的/ 男经理 失败的/女经理 I
5	相反靶词辨别 （Reversed target-concept discrimination）	E 女性职业 男性职业 I	E 女经理 男经理 I

续表

编号	任务描述	刺激词类别	刺激词示例
6	相反联合辨别 (Reversed combined task)	E 积极性词/女性职业 消极性词/男性职业 I	E 成功的/女经理 失败的/男经理 I
7	相反联合辨别 (Reversed combined task)	E 积极性词/女性职业 消极性词/男性职业 I	E 成功的/女经理 失败的/男经理 I

IAT2 实验屏幕显示的指导语为：

将 IAT1 实验中屏幕 2 的指导语“男性姓名和女性姓名”分别改为“男性职业和女性职业”，其他 6 个屏幕的指导语和 IAT1 实验相同。

（3）IAT3 的实验步骤

表 5-3　IAT3 的实验步骤

编号	任务描述	刺激词类别	刺激词示例
1	联想属性词辨别 (Associated attribute discrimination)	E 积极性词 消极性词 I	E 成功的 失败的 I
2	初始靶词辨别 (Initial target-concept discrimination)	E 女性职业 男性职业 I	E 护士小姐 护士先生 I
3	初始联合辨别 (Initial combined task)	E 积极性词/女性职业 消极性词/男性职业 I	E 成功的/护士小姐 失败的/护士先生 I
4	初始联合辨别 (Initial combined task)	E 积极性词/女性职业 消极性词/男性职业 I	E 成功的/护士小姐 失败的/护士先生 I
5	相反靶词辨别 (Reversed target-concept discrimination)	E 男性职业 女性职业 I	E 护士小姐 护士先生 I
6	相反联合辨别 (Reversed combined task)	E 积极性词/男性职业 消极性词/女性职业 I	E 成功的/护士先生 失败的/护士小姐 I
7	相反联合辨别 (Reversed combined task)	E 积极性词/男性职业 消极性词/女性职业 I	E 成功的/护士先生 失败的/护士小姐 I

IAT3 实验屏幕显示的指导语与 IAT2 实验中的相同。

2.3　外显偏见测验材料

本研究自编的大学生现代性别偏差态度调查问卷和矛盾性别偏见量表

（同第三章）。

2.4 整体研究程序

（1）首先让被试完成3个IAT实验，两次实验之间间隔5分钟。被试在苏州科技大学心理与行为中心实验室机房内完成实验。实验开始前，主试宣读指导语，并指导被试打开计算机，进入测试程序并填好自己的学号，然后让被试独自完成。

（2）被试完成3个IAT测验后马上填写一份调查问卷，题干为：本次测验的目的是？备选答案为：A. 测反应时；B. 不知道；C. 其他（请写出你的想法）。目的是判断被试在进行IAT实验时是否猜测到实验目的，以及是否有意识成分的参与。经过对上述问题的统计，发现有9人猜测出测量的是性别偏见，后来在整理数据时将这9人的测试数据剔除。

（3）被试完成上述问题并间隔5分钟后进行敌意性别量表、大学生现代性别偏差态度调查问卷和善意性别偏见量表的测试。目的是测量被试的外显偏见程度。

2.5 数据处理

本研究计算结果时去掉反应时大于3000毫秒或小于300毫秒以及错误率超过20%的被试。为了使数据有较好的方差稳定性，将反应时进行对数转换。第七阶段不相容任务的平均反应时与第四阶段相容任务的平均反应时的差值即为IAT测验的效应值，三个分测验的效应值分别标记为IAT1、IAT2和IAT3。将收集到的数据用SPSS18.0及Amos17.0软件分别进行统计分析，数据分析采用单因素方差分析（ANOVA）、单样本t检验、独立样本t检验、相关分析、多元回归分析等统计方法。

3 结果

3.1 内隐性别偏差态度的总体特征

本研究对大学生一般内隐性别偏见和内隐性别职业偏见得分进行描述性统计，并将三个分测验各自的平均效应值与0进行单样本t检验，结果如表5-4和图5-1所示。

表 5-4　大学生内隐性别偏见效应分析（$M \pm SD$）（$n = 385$）

	M	*SD*
IAT1	24. 988	218. 256
IAT2	43. 121	141. 472
IAT3	16. 320	151. 345

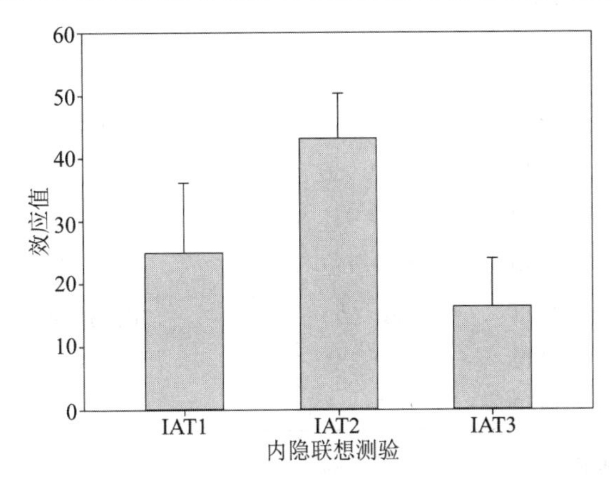

图 5-1　大学生三种内隐性别偏见效应均值比较图

从表5-4 可知，大学生对女性内隐偏见平均效应值为（24. 988 ±218. 256），对女性从事管理类职业的内隐偏见平均效应值为（43. 121 ±141. 472），对男性从事服务类职业的内隐偏见平均效应值为（16. 320 ±151. 345），与 0 比较后发现差异均显著（$p < 0.05$）。其中，IAT1 效应值与 0 比较的结果 $t_{(384)} = 2.187$，$p = 0.029$；IAT2 效应值与 0 比较的结果 $t_{(384)} = 5.981$，$p = 0.000$；IAT3 效应值与 0 比较的结果 $t_{(384)} = 2.116$，$p = 0.035$。结果表明，大学生对女性、女性从事管理类职业及男性从事服务类职业均存在内隐偏见。从三个 t 值的大小来看，IAT2 最大，其后依次是 IAT1 和 IAT3。这表明大学生对女性从事管理类职业的内隐偏见程度大于对男性从事服务类职业的内隐偏见态度。

3. 2　个体背景变量的主效应分析

3. 2. 1　个体背景变量对大学生内隐性别偏见的主效应分析

本研究对个体背景变量在大学生内隐性别偏见上的主效应进行了考察，其中包括性别、专业（文科、理科）、居住地（乡村、城市）和是否为独生子女。结果见表 5-5。

表 5-5 背景变量对大学生内隐性别偏见的主效应

自变量	因变量	平方和	自由度	均方	F
性别	IAT1	6451040.730	1	6451040.730	215.066***
	IAT2	1629052.894	1	1629052.894	103.018***
	IAT3	363882.084	1	363882.084	16.529***
专业	IAT1	53480.087	1	53480.087	1.123
	IAT2	9283.630	1	9283.630	0.463
	IAT3	87333.154	1	87333.154	3.841[a]
家庭居住地	IAT1	369860.936	1	369860.936	7.912**
	IAT2	77159.471	1	77159.471	3.884*
	IAT3	13003.749	1	13003.749	0.567
是否独生子女	IAT1	100561.592	1	100561.592	2.118
	IAT2	14433.384	1	14433.384	0.721
	IAT3	117.587	1	117.587	0.005

注：[a]表示边缘显著。

表 5-5 显示，性别在 IAT1、IAT2 和 IA3T 上主效应显著（$p<0.01$），家庭居住地在 IAT1 和 IAT2 上主效应显著（$p<0.05$），专业在 IAT3 上主效应边缘显著（$p=0.051$）。独生子女变量在 IAT1、IAT2 和 IA3T 上主效应均不显著。

3.3 对主效应显著变量的进一步检验

3.3.1 不同性别大学生内隐性别偏见的差异性

本研究采用单样本 t 检验，将男女大学生各自在三个内隐测验上的效应值分别与 0 进行比较，考察不同性别大学生一般内隐偏见及内隐性别职业偏见的状况；采用独立样本 t 检验考察不同性别大学生在一般内隐性别偏见和内隐性别职业偏见方面的差异。结果见表 5-6 和图 5-2。

表 5-6 不同性别大学生内隐性别偏见效应及差异分析（$M \pm SD$）

	IAT1	IAT2	IAT3
男（$n=164$）	178.867 ± 175.853	118.632 ± 133.616	−19.368 ± 181.535
女（$n=221$）	−89.868 ± 171.182	−12.913 ± 119.589	42.803 ± 117.939
t	14.665***	10.150***	−4.066***

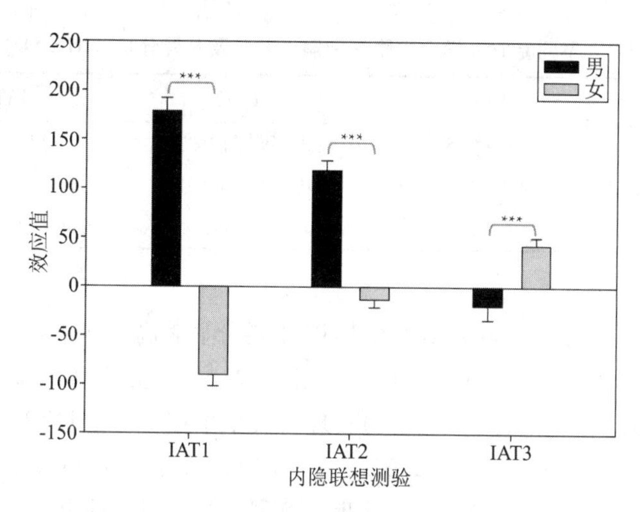

图 5-2　不同性别大学生内隐性别偏见效应比较

根据单样本 t 检验结果，男大学生的 IAT1 和 IAT2 效应值显著高于 0（$p<0.001$），其中 $t_{1(163)}=12.704$，$p<0.001$；$t_{2(163)}=11.307$，$p<0.001$；在 IAT3 上与 0 相比差异不显著，$t_{3(163)}=-1.366$，$p=0.174$。女大学生在 IAT1 上得分显著低于 0，$t_{1(220)}=-7.509$，$p<0.001$；在 IAT3 上得分显著高于 0，$t_{3(220)}=5.395$，$p<0.001$，在 IAT2 上与 0 相比差异不显著 $t_{2(220)}=-1.605$，$p=0.110$。结果表明，男大学生对女性及女性从事管理类职业的内隐偏见明显，而对男性从事服务类职业内隐偏见不明显；女大学生对于男性及男性从事服务类职业的内隐偏见明显，而对女性从事管理类职业的内隐偏见不明显。

大学生在 IAT1、IAT2 和 IAT3 上的性别差异显著（$p<0.001$），在 IAT1 和 IAT2 上男生显著高于女生，在 IAT3 上女生显著高于男生。结果表明，男大学生对于女性及女性从事管理类职业内隐偏见程度显著高于女生；而女生对于男性及男性从事服务类职业内隐偏见程度显著高于男生。通过均值比较发现，男大学生对女性的偏见程度大于女大学生对于男性的偏见程度（$p<0.001$）。

3.3.2　不同专业大学生内隐性别偏见的差异性

本研究采用单样本 t 检验，将文理科大学生各自在三个内隐测验上的效应值分别与 0 进行比较，考察文理科大学生一般内隐偏见及内隐性别职业偏见的状况。采用独立样本 t 检验考察文理科大学生在一般内隐性别偏见和内隐性别职业偏见方面的差异。结果见表 5-7。

表 5-7 不同专业大学生内隐性别偏见效应及差异分析（M ± SD）

	IAT1	IAT2	IAT3
文科（n = 200）	13. 178 ± 225. 500	38. 398 ± 134. 308	1. 834 ± 137. 417
理科（n = 185）	37. 395 ± 210. 297	48. 22 ± 149. 028	31. 979 ± 164. 027
t	– 1. 060	– 0681	– 1. 960[a]

注：[a]表示边缘显著。

研究结果显示，文科大学生在 IAT2 上得分显著高于 0（$t_{2(199)}$ = 4. 043，p < 0. 001），在 IAT1 和 IAT3 上与 0 相比差异不显著（$t_{1(199)}$ = 0. 799，p = 0. 425；$t_{3(199)}$ = 0. 189，p = 0. 850）；理科大学生在 IAT1、IAT2 和 IAT3 上得分均显著高于 0（$t_{1(184)}$ = 2. 372，p < 0. 05；$t_{2(184)}$ = 4. 402，p < 0. 001；$t_{3(184)}$ = 2. 652，p < 0. 001）。结果表明，文科大学生对女性及女性从事管理类职业的内隐偏见明显。理科大学生对于女性、女性从事管理类职业及男性从事服务类职业内隐偏见均明显。

表 5-7 显示，理科大学生在 IAT3 上的得分高于文科大学生，差异呈现边缘显著（p = 0. 051），而在 IAT1 和 IAT2 方面文理科大学生差异不显著。这表明与文科大学生相比，理科大学生对于男性从事服务类职业内隐偏见明显。

3. 3. 3 不同居住地大学生内隐性别偏见的差异性

本研究采用独立样本 t 检验考察来自乡村的大学生和来自城市的大学生在一般内隐性别偏见与内隐性别职业偏见方面的差异。采用单样本 t 检验，分别将来自乡村的大学生和来自城市的大学生各自在三个内隐测验上的效应值与 0 进行比较，考察来自乡村的大学生和来自城市的大学生一般内隐偏见及内隐性别职业偏见的状况。结果见表 5-8。

表 5-8 不同居住地大学生内隐性别偏见效应及差异分析（M ± SD）

	IAT1	IAT2	IAT3
乡村（n = 205）	54. 547 ± 221. 493	56. 387 ± 150. 004	21. 765 ± 162. 367
城市（n = 180）	– 9. 293 ± 209. 917	28. 013 ± 129. 848	10. 117 ± 137. 913
t	2. 813**	1. 971*	0. 753

结果显示，来自乡村的大学生在 IAT1 和 IAT2 上得分显著高于 0（$t_{1(204)}$ = 3. 448，p < 0. 01；$t_{2(204)}$ = 5. 382，p < 0. 001），在 IAT3 上与 0 相比差异不显著（$t_{3(204)}$ = 1. 919，p = 0. 056）；来自城市的大学生在 IAT2 上得分显著高于 0（$t_{2(179)}$ = 2. 894，p < 0. 001），在 IAT1 和 IAT3 上得分与 0

相比差异不显著（$t_{1(179)}=-0.576$，$p=0.566$；$t_{3(179)}=0.984$，$p=0.326$）。结果表明，来自农村的大学生对女性及女性从事管理类职业内隐偏见明显，而对男性从事服务类职业内隐偏见不明显；来自城市的大学生对于女性从事管理类职业内隐偏见明显。

表5-8显示，来自农村的大学生与来自城市的大学生在IAT1和IAT2上的差异显著（$p<0.05$），而在IAT3上差异不显著。结果表明，来自农村的大学生对于女性及女性从事管理类职业内隐偏见程度显著高于来自城市的大学生。

3.4　不同背景变量对IAT效应的回归分析

本研究为了检验背景变量性别、专业、家庭居住地与因变量IAT、1IAT2和IAT3的确切关系，在单因素方差分析的基础上进行多元回归分析。结果三个变量全部进入回归模型，经检验差异显著（IAT1：$R^2=0.380$，$F=73.761$，$p<0.001$；IAT2：$R^2=0.216$，$F=35.070$，$p<0.001$；IAT3：$R^2=0.064$，$F=8.748$，$p<0.001$）。见表5-9。

表5-9　不同背景变量对IAT效应的多元回归分析

自变量	因变量	非标准系数（B）	标准误差（S_x^-）	标准系数（B'）	t
性别	IAT1	-269.080	18.680	-0.611	-14.405***
专业		-31.725	18.264	-0.073	-1.737
家庭居住地		-24.303	18.365	-0.056	-1.323
性别	IAT2	-132.588	13.268	-0.464	-9.993***
专业		-12.745	12.942	-0.045	-0.985
家庭居住地		-14.357	13.041	-0.051	-1.101
性别	IAT3	72.258	15.510	0.236	4.659***
专业		-18.905	15.128	-0.062	-1.250
家庭居住地		42.386	15.244	0.140	2.781**

回归结果显示，性别对IAT1和IAT2有显著负向影响作用，男生比女生表现出的对女性及女性从事管理类职业内隐偏见程度更深；性别对IAT3有显著正向影响作用，女生比男生对男性从事服务类工作的内隐偏见程度更深。家庭居住地对IAT3有显著正向影响作用，来自农村的大学生比来自城市的大学生对于男性从事服务类工作的内隐偏见程度更深，即更认同女性从事服务类职业。

3.5　大学生内隐与外显性别偏差态度之间的关系

本研究采用 Pearson 积差相关，对大学生内隐性别偏见得分（包括 IAT1、IAT2 和 IAT3）与外显性别偏见量表得分［包括敌意性别偏见量表（HS），大学生现代性别偏差态度问卷：总体（GMSS）、婚姻家庭维度（FSS）、父母角色维度（PSS）、职业维度（OSS）、社会行为维度（SSS）、教育领域维度（ESS），善意性别偏见量表（BS）］进行相关分析。见表 5-10。

表 5-10　IAT1、IAT2、IAT3、敌对性别偏见、一般性别偏见及善意性别偏见的相关分析（*r*）

	IAT1	IAT2	IAT3	HS	GMSS	FSS	PSS	OSS	SSS	ESS
IAT2	.523***									
IAT3	-.435***	-.021								
HS	.253***	.227***	-.164**							
GMSS	.425***	.266***	-.219***	.473***						
FSS	.443***	.319***	-.210***	.450***	.800***					
PSS	.354***	.185***	-.175**	.315***	.733***	.605***				
OSS	.373***	.252***	-.226***	.431***	.832***	.646***	.519***			
SSS	.186**	.074	-.056	.236***	.672***	.336***	.326***	.393**		
ESS	.293***	.201***	-.183***	.374***	.753***	.493***	.401***	.619***	.357**	
BS	.011	.009	.046	.183***	.246***	.141**	.187***	.163**	.259**	.162**

从表 5-10 可知，两个内隐测验 IATI 与 IAT2 之间呈现非常显著的正相关（$r=0.523$，$p<0.001$）。IAT1 与 IAT3 之间呈现非常显著的负相关。由于 IAT3 测量的是对于男性的偏见态度，与 IATI 中的变量是相反关系，因此两者呈现负相关。以上结果预示了三个内隐测量之间良好的结构效度。不同的外显测量结果之间存在非常显著的正相关，预示了外显测量之间良好的结构效度。IATI 与善意性别偏见之间的相关不显著，除与现代性别偏见总分和婚姻家庭性别偏见之间处于中低度相关水平外，与其他外显偏见之间处于低度相关水平；IAT2 与社会行为和善意性别偏见之间相关不显著，与职业性别偏见之间呈现低度正相关关系，与父母角色、社会行为与教育领域性别偏见之间呈现正相关关系，处于低度相关水平；IAT3 与社会行为和善意性别偏见之间相关不显著，与职业性别偏见之间呈现低度负相关关系，与其他外显性别偏见之间呈现负相关关系，处于低度相关水平。总体上，内隐与外显测量之间呈现低度正相关关系。这表明内隐和外

显测量之间存在良好的区分效度，也预示内隐与外显性别偏见彼此间是相对独立的系统，二者是两个不同的心理结构。为验证这一构想，构建了性别偏见的两维结构模型（模型 1）；同时，为进行比较，又构建了单维结构模型（模型 2）。分别以这两个模型为基础运用 Amos17.0 软件对测试数据进行验证性因素分析，结果见表5-11和图 5-3、图 5-4。

表 5-11　模型拟合检验指标

	χ^2/df	RMSEA	GFI	NFI	IFI	TFI	CFI
Model 1	1.044	0.011	0.996	0.998	0.999	0.998	0.997
Model 2	20.512	0.225	0.900	0.700	0.711	0.413	0.706

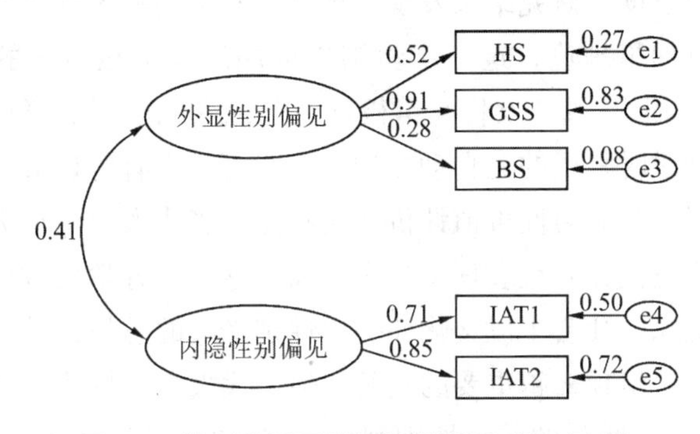

图 5-3　**性别偏见两维结构模型图**（Model 1）

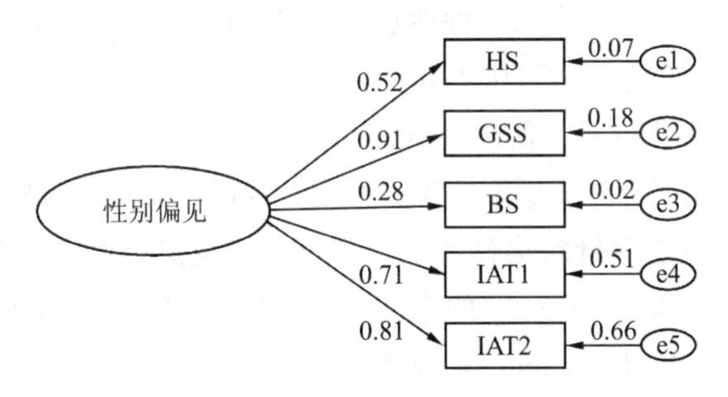

图 5-4　**性别偏见单维结构模型图**（Model 2）

由表 5-11 和图 5-3、图 5-4 可知，两维模型拟合优度指标均优于单维模型，因此，性别偏见的两维模型是适合模型，这证实了内隐性别偏见与外显性别偏见是两个互有关联却又相对独立的系统。

4　分析与讨论

4.1　当代大学生普遍存在内隐性别偏差态度

本研究实验结果显示当代大学生对女性、女性从事管理类职业及男性从事服务类职业均存在内隐偏见。在本次实验设计中，“男性姓名 + 积极词汇”或“女性姓名 + 消极词汇”作为相容性任务，“男性姓名 + 消极词汇”或“女性姓名 + 积极词汇”作为不相容任务，两者反应时之差即为对女性的内隐态度。研究结果发现，被试对假定的相容性任务反应速度更快。按照信息加工理论，这一实验结果可能反映了在被试的概念体系中“男性与积极词汇”或“女性与消极词汇”之间的联系更紧密。或者被试在面对这一刺激时采用的是自动化加工方式而较少有意识成分参与。这一实验结果表明，与对男性价值评价态度相比，当代大学生在无意识中对女性的价值评价更低，并且表现出更多负面情感。尽管学校教育中一直倡导男女平等的观念，社会主流文化亦提倡性别平等的思想，并且女性在社会生活各个领域扮演越来越重要的角色，但当代大学生依然从内心深处认同“女性价值比男性低”的传统性别观念。这一社会集体无意识观念深入骨髓、根深蒂固。由此衍生出诸种性别不平等的社会现象，如家庭中希望生个男孩儿以求养儿防老，教育中剥夺女孩儿受教育的权利，职场中招聘时对女性的限制、女性升职面临的玻璃天花板效应，社会行为中对女性的严苛规则，甚至丢弃女婴、买卖婚姻、家庭暴力、性侵犯等丑恶现象举不胜举。

以往有研究者对针对男性和女性态度的研究进行元分析发现，在西方社会，近年来人们对于女性的态度要比对于男性的态度更加积极正面(Swim，Aikin，Hall & Hunter，1995)。本研究所得实验结果与此不同，原因可能是在中国漫长的历史文化中女性一直处于劣势和从属地位，这种集体无意识在中国人的心中印刻更深。Plant 和 Devine 认为个体对某一群体的态度来源于社会集体刻板印象（collective stereotype）（Plant & Devine，1998)。社会刻板印象具有内化和无意识的特征，通常不能被个体意识到。而采用内隐联结测验的方式则可以灵敏地探测到被试的无意识状态中的观念。

在第二个实验设计中，将“男管理者 + 积极词汇”或“女管理者 + 消极词汇”以及“女服务员 + 积极词汇”或“男服务员 + 消极词汇”作为相容性任务。在第三个实验中将“男管理者+消极词汇”或“女管理者+积极词汇”以及“女服务员+消极词汇”或“男服务员+积极词汇”作为不相容任务，结果发现，在上述两个实验中，被试对假定的相容性任务反应速度更快。这一实验结果说明在当代大学生的潜意识中认为女性不适合作为管理者，男性不适合做服务员。当代大学生对于“女性不适合作为管理者”的内隐偏见程度比单独针对女性群体或“男性不适合做服务员”的偏见程度更深，表明当代大学生传统性别角色刻板印象较深，对于违反传统性别角色的女性表现出强烈不认同或反感。

4.2 男女大学生互相持有内隐偏差态度

本研究发现，男大学生对“男性姓名+积极词汇”或“女性姓名+消极词汇”的反应速度比“男性姓名+消极词汇”或“女性性别+积极词汇”显著快。女大学生的实验结果与此正好相反，对“男性姓名+消极词汇”或“女性姓名+消极词汇”的反应速度比“男性姓名+消极词汇”或“女性性别+积极词汇”显著慢。结果表明，在内隐层面，男大学生对男性评价积极，对女性评价消极。与此相反，女大学生则对女性评价积极，对男性评价消极。即男大学生对女性存在内隐偏见，女大学生对男性存在内隐偏见。这一实验结果可以用社会同一性理论来解释，即对内群体偏好，对外群体贬损。只要存在社会阶层，就会存在偏见。Tajifel 的研究发现，仅仅把个体分配到不同的群体，就足以产生群体间的偏见态度（Hill，2000）。

有研究者认为，由于男强女弱的传统思想意识，人们可以接受女性变强（女性从事男性职业），但不能接受男性变弱（男性从事女性职业）。本研究中女性的观念与上述传统观念基本相同。本研究的实验结果发现，女大学生对于女性从事管理类职业不存在内隐偏见，而对男性从事服务类职业却存在明显的内隐偏见。也就是说，女性可以接受女性变强，即可以接受女性从事传统的男性类职业；而不能接受男性从事传统的女性职业，认为女性更适合从事服务类职业。服务类职业是传统女性家庭角色的社会性延伸。认为女性更应该从事服务类职业，即是对传统性别角色规范的认同。本研究实验结果表明，当代女大学生在潜意识中依然深深认同传统性别角色规范。一方面认为自己可以从事管理类职业，从而获得权力、权威与较高的社会地位，另一方面又认为自己“应该”扮演好女性角色——照料家庭、抚育孩子并支持丈夫在社会中取得成功；一方面想打破传统性别角色规范，另一方面又安于现状，从内心深处自觉遵循传统规范行为。这些来自潜意识中的内心冲突时常会给现代女性的社会活动及工作带来困扰，并使其产生内疚、焦虑等心理问题。有学者曾提出，中国传统女性文化对女性的规训导致女性长期的压抑心理，而女性新文化与传统文化的交织，又导致女性焦虑心理的产生（刘艺，2008）。有些使用外显调查问卷进行的研究也得到类似的结论（吴谅谅、冯颖、范巍，2003）。甚至有研究发现，职业女性自杀意念的检出率较高，其工作—家庭冲突越高，自杀意念越强（袁艳萍、田丽丽、谈继红、马孟阳、汤达华，2012）。这一结果同时表明，传统性别角色规范威力之大、影响之深，即使是现代女性也被牢牢束缚。

本研究实验结果发现，男大学生不能接受女性从事管理类职业，但可以接受男性从事服务类职业。根据社会资源竞争理论（Hill，2000），在资源有限的情况下，掌控资源的一方会对竞争者的能力、品质等进行贬损，这时另一方就成为替罪羊。女性从事管类职业，会潜在地对男性权力与权威构成威胁。因此，男性会以女性缺乏能力、性格特质不适合等种种理由对女性从事管理类职业加以阻挠，并对试图进行竞争者表现出强烈的厌恶。但对于男性从事传统的女性职业，男大学生却不持反对态度。这表明男性对于自身比对于女性要宽容得多，或者说对于女性的约束要比对于自身的多。这种通过内隐测验得到的无意识观念，经常表现在社会生活中，比如人们总是对女性的言行举止甚至出入场所做出种种规定和要求，但对于男性却宽容得多，男性仿佛在社会中拥有种种“特权”。

以往有研究发现，内隐性别刻板印象不存在性别差异（佐斌、刘晅，2006）。本研究所得结果与此不同。以往研究只测量了偏见中的认知成分，或者只是对传统性别刻板印象的认知进行了考察，而本研究则侧重于对群体价值的评价和情感方面，更容易激活内群体偏好和外群体贬损效应。

4.3 内隐测验法比外显测量测得的偏差程度更高

将本章大学生内隐性别偏见研究结果与上一章外显性别偏见的研究结果进行比较，我们可以发现当代大学生在总体性别偏见方面存在差异，在专业和居住地两个变量上得到的结果也不同。当代大学生的外显性别偏见不明显，尤其公开敌意的偏见少，更多地表现为善意的否定，而本研究通过内隐测验却发现大学生普遍存在性别偏见态度。这一研究结果与以往研究结果相同。一般情况下，采用内隐测验法比外显测量中使用自我报告法测得的偏见程度高（Dunton & Fazio，1997）。文科、理科大学生以及来自乡村的大学生和来自城市的大学生在外显性别偏见方面不存在差异性，而内隐研究却发现理科大学生比文科大学生性别偏见程度深，来自农村的大学生比来自城市的大学生性别偏见程度深。造成这些差异的主要原因是测量方式的不同。在外显测验中被试更容易受社会称许性的影响，按照社会期待回答问题，或迫于社会压力不得不掩饰自己的真实想法，而内隐测验可以比较有效地规避这一不足，探测被试的“真实”想法。从而进一步验证了在性别偏见研究中内隐实验设计的有效性。

4.4 内隐测量与外显测量结果之间呈低度正相关关系

本研究发现三个内隐测量结果之间相关度较高，预示了三者之间具有良好的结构效度。不同的外显测量结果之间存在非常显著的正相关，也预示了外显测量之间良好的结构效度。

对于外显测量与内隐测量之间的关系，以往研究主要有两个不同的结论。一种观点认为外显测量与内隐测量两者测量的是对同一事物的态度，但却属于不同的意识层面，因此存在低度正相关关系（Greenwald & M. R. Banaji，1995）；另一种观点认为外显测量与内隐测量两种方法测量的是完全不同的对象，因此测量结果之间毫无关系（Baggenstos，2001）。本研究发现外显测量与内隐测量之间呈现低度正相关关系，表明一个人外显态度与内隐态度之间的关联性。实际上，个体对某事物的态度不可能完全由当时清醒的意识状态决定而没有内化的无意识成分，也不可能完全由无意识决定而没有任何意识成分参与（Fazio & Olson，2003）。也就是说，内隐态度和外显态度并不是非此即彼的二元对立关系。进一步说，自动化的认知加工过程经常要涉及意识成分，而可控制的认知加工过程则可能经过长期程式化的训练而变得具有自动化的倾向（Bargh，1989）。低度相关水平则表明外显与内隐测量之间具有良好的区分度。经过验证性因素分析，结果发现，内隐与外显两维结构模型各项指标优于单维结构模型，证实了内隐性别偏见和外显性别偏见是不同的结构系统，两者相对独立。这与以往多项研究结果一致，如攻击性（云祥 et al.，2009）、自尊（杨福义，2006）和职业偏见（于泳红，2003）研究中，均发现了内隐与外显态度分离的现象。

也有研究者提出，用IAT得出的结果和用外显方法得出的结果实际上是一致的。如果测量的是明显的偏见，则用IAT得到的结果和用外显方法得到的结果相关度较高；如果测量的是不明显的偏见，则两者之间相关很弱（崔丽娟、张高产，2004）。本研究结果证实了上述观点。由于外显偏见中的善意性别偏见很难被人察觉，因此与内隐性别偏见之间的相关不显著。

对于外显与内隐测量结果之间的不一致，可以用双重态度模型理论解释（Wilson et al.，2000）。人们对于同一态度客体可能同时存在两种不同的评价，一种是能被人们所意识到、所承认的外显的态度，另一种则是无意识的、自动激活的内隐的态度。偏见作为一种预存性态度，也可以分为外显与内隐两个层次。

5 结论

本研究采用 IAT 实验程序，对内隐性别偏见的特性及内隐与外显性别偏见之间的关系进行了研究，结果表明：① 大学生普遍存在内隐性别偏见状况，男大学生的内隐性别偏见及内隐性别职业偏见程度比女生高；理科大学生、来自农村的大学生比文科大学生、来自城市的大学生内隐性别偏见程度高。② 男大学生对女性存在内隐偏见，女大学生也对男性存在内隐偏见，在内隐性别偏见领域存在内外群体效应。③ 内隐测验法比外显测量测得的偏见程度高。④ 内隐性别偏见与外显性别偏见是分离的结构系统，两者相对独立。

第六章

无偏反应动机对外显与内隐偏差态度的影响

1 引言

众所周知，偏见一旦形成就很难打破。但是，实证研究却发现，偏见反应并非不可避免（Crandall & Eshleman，2003）。个体要改变偏见行为反应需要内部驱动力即动机的参与，压抑偏见的动机能够引导人们打破偏见习惯。也就是说，个体如果意识到自己“应该如何看待他人”和“实际上如何看待他人”之间的差距，就会出现认知失调并产生内疚感，这能够促使个体努力抑制自己的偏见反应。研究者将这种动机形式称作无偏反应动机（motivationto respond without prejudice）。无偏反应动机最早出现在种族歧视的研究领域（Plant & Devine，1998），后被扩展到性别偏见研究领域（Klonis，Plant & Devine，2005）。根据动机来源，Plant 和 Devine 将无偏反应动机分为内部和外部两种形式（Plant & Devine，1998）。内部动机来自个体的信念，认为偏见是有害的，因此不要表现出偏见行为。外部动机来自个体对当时外部环境压力的遵从，认为自己不能表现出偏见行为，否则会遭到他人的反对和排斥。内部动机内化的程度更深，被认为是个体价值系统中稳定的部分。

以往有研究发现，内部动机与外显性别偏见之间呈现显著的负相关关系，但也有研究得出内部动机与外显性别偏见呈显著正相关的关系（Currie,2010）。可见，以往研究对于性别偏见表现形式与压抑偏见动机之间的关系所得结论并不一致。以往相关研究中的被试大多是男性，包括研究中的调查问卷（无偏反应动机量表）标准化测试过程中的被试也是男大学生（Plant & Devine，1998；Klonis，Plant & Devine，2005），忽视了女性群体的信息，并且结论是在西方文化背景下获得的。中国传统文化不鼓励人们直接表达自己的想法，这是否会导致个体过分压抑自己的动机？

在社会文化日益呈现多元化的现代社会，表达偏见的方式与试图压抑偏见的动机之间存在的复杂关系需要进一步澄清。这样才能了解处于意识层面的意志努力对于可以被意识到的外显偏见和处于无意识状态的内隐偏见所起的不同作用。

2 方法

2.1 研究对象

同本研究第四章被试。

2.2 研究工具

（1）无偏反应动机量表（Motivation to Respond without Sexism Scales，MS），用来测量被试避免偏见行为的动机水平和来源（见附录7）。该量表分为无偏反应内部动机（Internal Motivation to Respond without Sexism Scales，IMS-S）和外部动机（External Motivation to Respond without Sexism Scales，EMS-S）两个分量表。该量表由 Klonis 等人在 2005 年编制（Klonis et al.，2005），目前并未发现修订的中文版，因此，本研究首先进行了对量表的修改工作。英文量表来自 2010 年 Erin E. Currie 的博士论文（Currie,2010）。修订过程采用标准的翻译—回译程序，首先请两名在美国攻读心理学博士学位和在瑞士攻读运动心理学硕士学位的中国留学生将 10 个英文项目逐一进行翻译，再请英语专业的教师将翻译后的汉语项目逐一翻译成英语。最后，请 3 位心理学工作者对 10 个项目的中、英文翻译逐一进行比对分析，并形成此量表的中文版（见附录7）。本研究采用 Likert 5 点计分方法，从 1 到 5 分，依次代表非常不同意到非常同意。得分越高，表示抑制性别偏见的内部或外部动机越强烈。IMS-S 的内部一致性系数为 0.84，EMS-S 的内部一致性系数为 0.80（Klonis et al.，2005）。在本研究中 IMS-S 的内部一致性系数为 0.867，EMS-S 的内部一致性系数为 0.814

（2）大学生现代性别偏差态度调查问卷，同本研究第三章。

（3）敌意和善意性别偏见量表，同本研究第三章。

2.3 研究程序

被试首先做内隐联结测验，然后完成大学生现代性别偏差态度问卷、敌意和善意性别偏见量表，最后完成无偏反应动机量表。

3　结果

3.1　大学生无偏反应动机的总体特征

本研究对大学生无偏反应动机的得分进行描述性统计，并采用配对样本 t 检验对内部动机与外部动机进行比较，结果如表 6-1 所示。

表 6-1　大学生无偏反应动机的总体特征（$M \pm SD$）（$n = 385$）

	M	*SD*
IMS-S	4. 121	0. 561
EMS-S	3. 006	0. 577
t	27. 144***	

从表 6-1 可知，大学生无偏反应的内部动机平均值为（4. 121 ± 0. 561），外部动机平均值为（3. 006 ± 0. 577），经过配对样本 t 检验，发现内部动机得分显著高于外部动机（$p < 0.001$）。结果表明，大学生无偏反应的内部动机更强烈。

3.2　个体背景变量对大学生无偏反应动机的主效应分析

本研究对个体背景变量在大学生无偏反应动机的主效应进行了考察，其中包括性别、专业（文、理科）、居住地（乡村、城市）和是否为独生子女。结果见表 6-2。

表 6-2　背景变量对大学生无偏反应动机的主效应

自变量	因变量	平方和	自由度	均方	*F*
性别	IMS-S	32. 127	1	32. 127	68. 951***
	EMS-S	2. 398	1	2. 398	3. 645*
专业	IMS-S	0. 050	1	0. 050	0. 158
	EMS-S	0. 206	1	0. 206	0. 617
家庭居住地	IMS-S	0. 921	1	0. 921	1. 464
	EMS-S	2. 153	1	2. 153	3. 266**
是否独生子女	IMS-S	0. 150	1	0. 150	0. 475
	EMS-S	0. 383	1	0. 383	1. 148

表6-2显示，性别在IMS-S和EMS-S上主效应显著（$p<0.05$），家庭居住地在EMS-S上主效应显著（$p<0.05$），而另外两个自变量专业和是否为独生子女在IMS-S与EMS-S上主效应均不显著。

为了进一步检验主效应显著的变量，本研究采用独立样本t检验，考察男女大学生在无偏反应内部和外部动机方面的差异，以及来自农村的大学生和来自城市的大学生在外部动机方面的差异，结果见表6-3。

表6-3　大学生IMS-S及EMS-S性别差异分析（$M \pm SD$）

因变量	自变量	M	SD
IMS-S	男（$n=164$）	3.787	0.5250
	女（$n=221$）	4.365	0.4485
	t	-11.601	
EMS-S	男（$n=164$）	2.963	0.5327
	女（$n=221$）	3.032	0.6019
	t	-1.172	

表6-3显示，男大学生在IMS-S上得分显著低于女生（$p<0.001$），而在EMS-S上则差异不显著。结果表明，女大学生无偏反应的内部动机比男大学生强烈。

表6-4　来自农村的大学生与来自城市的大学生EMS-S差异分析（$M \pm SD$）

因变量	自变量	M	SD
EMS-S	来自农村（$n=205$）	2.981	0.552
	来自城市（$n=180$）	3.027	0.597
	t	-0.791	

表6-4显示，来自农村的大学生与来自城市的大学生在EMS-S上得分差异不显著。结果表明，来自农村的大学生与来自城市的大学生在无偏反应外部动机程度方面无差异。

3.3　大学生无偏反应动机与内隐、外显性别偏差态度之间的关系

本研究采用Pearson积差相关，对大学生无偏反应内部动机（IMS-S）、外部动机（EMS-S）得分与外显性别偏见量表得分［包括敌意性别偏见量表（HS），大学生现代性别偏差态度问卷（GMSS）及善意性别偏见量表（BS）］和内隐性别偏见效应值IAT1、IAT2进行相关分析。由于IAT3测量的是对“男性从事管理类职业的偏见态度”，而本部分内容则研究个体

对于女性的态度，因此仅选用 IAT1 和 IAT2 作为内隐性别偏见的效应值（本研究第八章的研究同此）。结果见表 6-5。

表 6-5　IMS-S、EMS-S、HS、GMSS、BS、IAT1 和 IAT2 的相关（r）

	EMS-S	HS	GMSS	BS	IAT1	ITA2
IMS-S	0.135**	-0.275***	-0.346***	0.154**	-0.333***	-0.225***
EMS-S	1	0.138**	0.053	0.196***	-0.017	-0.012

从表 6-5 可知，无偏反应内部动机与外部动机之间呈现显著正相关关系（$r=0.135$，$p<0.01$）。内部动机（IMS-S）与外显的敌意性别偏见之间呈现显著的负相关关系（$p<0.001$），相关程度为低度水平；与善意性别偏见之间呈现显著正相关关系（$p<0.01$）；与内隐性别偏见之间呈现显著负相关关系（$p<0.001$）。外部动机（EMS-S）与外显的敌意和善意性别偏见之间呈现显著正相关关系（$ps<0.01$），相关程度为低度水平；与内隐性别偏见之间相关不显著。研究结果表明，无偏反应的内、外部动机之间呈现低度正相关；除善意性别偏见之外，内部动机与外显和内隐性别偏见呈显著负相关关系；外部动机与敌意性别偏见之间呈正相关关系，与内隐性别偏见之间相关不显著；内、外部动机都与善意性别偏见呈现正相关关系。

3.4　无偏反应内部、外部动机对内隐与外显偏差态度的回归分析

为了检验无偏反应的内、外部动机与外显和内隐性别偏见双系统之间的确切关系，本研究在相关分析的基础上进行多元回归分析。结果两个变量全部进入回归模型，经检验差异显著（HS：$R^2=0.107$，$F=22.876$，$p<0.001$；GMSS：$R^2=0.129$，$F=28.412$，$p<0.001$；BS：$R^2=0.055$，$F=11.063$，$p<0.001$；IAT1：$R^2=0.112$，$F=16.845$，$p<0.001$；IAT2：$R^2=0.051$，$F=10.273$，$p<0.001$）。见表 6-6。

表 6-6　无偏反应内、外部动机对外显和内隐性别偏见的多元回归分析

自变量	因变量	非标准系数（B）	标准误差（$S_{\bar{x}}$）	标准系数（B'）	t
IMS-S	HS	-0.313	0.051	-0.299	-6.134***
EMS-S		0.181	0.050	0.178	3.652***
IMS-S	GMSS	-0.354	0.047	-0.359	-7.456***
EMS-S		0.097	0.046	0.101	2.104*

续表

自变量	因变量	非标准系数（B）	标准误差（$S_{\bar{x}}$）	标准系数（B'）	t
IMS-S	BS	0.121	0.047	0.129	2.579**
EMS-S		0.162	0.046	0.178	3.550***
IMS-S	IA1	-129.978	22.423	-0.338	-5.797***
EMS-S		12.990	21.679	0.035	0.599
IMS-S	IAT2	-57.347	12.671	-0.228	-4.526***
EMS-S		4.474	12.325	0.018	0.363

本研究回归结果显示，IMS-S 对敌意性别偏见有显著负向影响作用（$p<0.001$），表明无偏反应的内部动机越强烈，外显敌意性别偏见程度越低；EMS-S 对敌意性别偏见有显著正向影响作用（$p<0.001$），表明无偏反应的外部动机越强烈，外显敌意性别偏见程度就越高。IMS-S 对外显性别偏见有显著负向影响作用（$p<0.001$），表明无偏反应的内部动机越强烈，外显性别偏见程度就越低；EMS-S 对外显性别偏见有显著正向影响作用（$p<0.05$），表明无偏反应的外部动机越强烈，外显性别偏见程度就越高。IMS-S 和 EMS-S 对外显善意性别偏见均有显著正向影响作用（$ps<0.05$），表明无偏反应的内部或外部动机越强烈，外显善意性别偏见程度就越高。IMS-S 对内隐性别偏见 IAT1 和 IAT2 有显著负向影响作用（$p<0.001$），表明无偏反应的内部动机越强烈，内隐性别偏见程度就越低。结果表明，无偏反应的内部动机对内隐和外显性别偏见均有显著负性影响，外部动机对外显性别偏见有显著正向影响，与内隐性别偏见之间不存在线性关系；内、外部动机均对善意性别偏见具有显著正向影响作用。

4 分析与讨论

4.1 无偏反应的内部、外部动机之间呈现低度正相关关系

本研究发现，无偏反应的内部动机与外部动机之间呈现低度正相关关系（$r=0.135$）。这一研究结果与以往研究一致（Klonis, Plant & Devine, 2005; Currie, 2010）。根据无偏反应动机的概念界定，无偏反应的内部动机和外部动机来源不同，因此两者之间的相关程度应该较低。Klonis 等在研究中发现，无偏反应的内部动机与外部动机之间呈现弱的负相关关系，相关系数为 -0.05（Klonis, Plant & Devine, 2005）。Currie 在研究中发

现，两者之间的相关系数为0.28（Currie，2010）。

本研究还发现，当代大学生无偏反应的内部动机比其外部动机更强烈（$p < 0.001$），这与以往研究结果一致（Klonis，Plant & Devine，2005；Currie，2010）。这一结果可以用态度与行为之间的关系理论来解释，在决定行为反应的因素中，与外部情境相比，态度是一个比较稳定的内部因素。另一方面，这一结果也反映出，在现代社会中性别平等的观念已经成为大学生价值系统中比较稳定的成分。本研究发现女大学生无偏反应的内部动机比其外部动机强烈。由于以往相关研究中被试全部为男性（Klonis，Plant & Devine，2005），或者即使有男性，人数也较少（Currie，2010），在研究结果中并未给出男女差异的数据。本研究结果表明，无偏反应的动机在女大学生中内化程度深，女大学生对于性别平等问题更敏感，诉求更强烈。

4.2　内部动机对外显与内隐态度均具有显著负向预测作用

根据无偏反应动机的理论分析，内部动机得分高，表示个体主动并有意识地压抑偏见反应；而内部动机得分低则表示有性别偏见倾向。外部动机得分高，表示个体对于外部环境中反对性别偏见的信息比较敏感，觉得迫于社会环境压力不应该表现出偏见行为；而外部动机得分低者对于反对性别偏见的信息不敏感，或者觉得没必要改变自己的偏见行为。所以，从理论上分析，无偏反应的动机水平与性别偏见之间应该呈现负相关关系，无偏反应动机越强烈者，越有可能在测量性别偏见的问卷中得低分。

本研究发现，无偏反应的内部动机与外显层面的敌意性别偏见和现代性别偏见呈显著负相关关系。这一结果与以往研究一致（Devine & Monteith，1999）。Currie在2010年的研究中也发现无偏反应内部动机与敌意性别偏见之间呈显著负相关关系，相关系数为$r = -0.332$（Currie，2010）。本研究结果显示，无偏反应的外部动机与外显性别偏见之间呈低度正相关关系，而与内隐性别偏见之间相关不显著，这一结论也与以往研究结果一致（Currie，2010）。

本研究发现，无偏反应的内部动机与外显层面的善意性别偏见之间存在低度正相关关系（$r = 0.135$）。这一结果与以往研究不一致。有研究发现无偏反应的内部动机与善意性别偏见之间相关不显著，而Currie在2010年的研究却得出无偏反应内部动机与善意性别偏见之间存在显著负相关关系的结论。善意性别偏见是对女性的积极正面的态度（Glick & Fiske，

1996)，不容易被识别，因此，人们意识不到需要改变自己的行为，或者人们无须迫于外界社会环境的压力而调控自己的行为。

以往有关无偏反应的动机与内隐偏见的研究发现，内部动机高、外部动机低的被试，内隐偏见程度最低（Devine，Plant，Amodio，Harmon-Jones & Vance，2002）。本研究结果与上述结论一致，无偏反应的内部动机与内隐偏见之间呈负相关关系，多元回归分析结果显示 IMS-S 对内隐性别偏见 IAT1 和 IAT2 有显著负向影响作用（$p<0.001$）。表明避免性别偏见反应的内部动机越强烈，则内隐性别偏见程度越低。显示这些被试已经将反对性别偏见的观念内化，以至于影响到自动化反应的速度。

Klonis 等人比较了无偏反应内部动机和外部动机对于个体偏见行为的影响（Klonis et al.，2005）。研究者将男性被试分为两组，一组成员和持有严重性别偏见的男性接触；另一组成员和坚决反对性别偏见的男性接触。随后测量他们对性别歧视行为的态度。结果发现，总体上，与有性别偏见者接触的被试对性别歧视行为持支持态度；与反对性别偏见者接触的被试对性别歧视持反对态度。内部动机强烈者对性别歧视行为持反对态度，与所接触的外部环境无关；而那些外部动机强烈却与反对性别偏见者接触的被试，表现出不太情愿支持性别歧视行为的态度。这表明外部环境的压力对个体的偏见行为反应起到延迟作用。

如此看来，可以通过意识层面的意志活动，尤其是内部动机的增加，来改变无意识的、自动化的性别偏见反应。

5 结论

本研究采用问卷调查法，对当代大学生的偏见表现形式与压抑偏见反应动机之间的关系进行了研究，结果表明：① 当代大学生的无偏反应内部动机程度高于外部动机；女大学生的无偏反应内部动机高于男大学生。② 无偏反应内部动机与外部动机之间存在低度相关关系，它们是避免性别偏见动机的两个不同来源。③ 无偏反应的内部动机对外显偏见和内隐偏见具有显著负向预测作用，内部动机越强烈，外显与内隐偏见程度就越低。这揭示了意志努力对于外显和内隐性别偏见具有显著作用。

第七章

偏差表现形式、情境、动机对认知与行为倾向的影响

1 引言

性别偏见作为对女性的偏颇态度，有外显和内隐，公开和隐蔽，敌意和善意等多种表现形式。一般研究认为，态度和行为之间存在比较对应的关系。因此，有必要了解不同形式的性别偏见态度对于偏见行为反应的影响，从而为减少性别偏见行为提供必要的依据。

决定行为反应的因素除了个体内部的态度之外，还有一个重要变量即外部情境。在特定情境下，在为稀缺资源而竞争的过程中，当个体所在群体的利益受到损害、群体的权威受到挑战时，个体的自尊就可能会受到威胁。社会心理学家 Tajfel 认为，人们往往通过认同自己所在群体的价值来维护个体的自尊（Tajifel，1982）。这就容易导致内群体偏好和外群体贬损的现象。在这种情况下，个体对给自身带来威胁的外群体的负面态度就不可避免。但上述结论是在充满竞争的、个人主义文化盛行的西方社会文化中得出的。在强调集体主义文化的社会中，人们更重视与他人维持良好的人际关系，并不一定像西方社会中的个体那样看重竞争的后果，所以就不一定存在这种内群体偏好和外群体贬损的现象。本研究为参与问卷调查者设计了竞争与非竞争两种实验情境，以验证该理论在集体主义文化中的适用性。

管理类职业传统上是男性的职业。以往有实证研究发现，在人们的观念中存在男性适合管理类职业的刻板印象（Schein，2001）。由于管理者的典型特征与传统男性特质相符合，而较少与女性特质符合，因此女性从事管理类职业可能会招致反感和憎恨。本研究拟采用情境实验的研究方法，加入职业领域中应聘的情境，并将该情境分为竞争和非竞争两种水平，以系统考察情境变量对于偏见行为的影响作用。

动机也是影响行为的重要变量。以往有研究发现，无偏反应内部动机强烈者对性别歧视行为持反对态度，而与所接触的外部环境无关（Klonis et al.，2005）。因此，在本研究中加入了动机变量，系统考察态度、情境与动机对于偏见行为的影响。

2 方法

2.1 研究对象

同本研究第四章被试。其中参加竞争情境下测验的被试为279名大学生，参加非竞争情境下测验的被试为106名大学生。在非竞争情境下有47名被试只接受应聘者为男性的实验材料测试，另外59名被试只接受应聘者为女性的实验材料测试。

2.2 研究工具

（1）参考招聘网站信息自编两份不同性别者求职简历，应聘岗位为投资/基金项目经理。男性应聘者姓名为常见男性姓名，张海涛；女性应聘者姓名为常见女性姓名，沈梅婷。两位应聘者的年龄、学历、专业、从业经历、工作经验、工作业绩相似。在非竞争情境下，每位应聘者简历后面附有三个态度与行为倾向问题。在竞争情境下，简历后面附有六个态度与行为倾向问题（见附录8）。

（2）大学生现代性别偏差态度问卷，同本研究第三章。

（3）敌意和善意性别偏见量表，同本研究第三章。

（4）无偏反应动机量表，同本研究第六章。

2.3 研究程序

本研究首先随机将被试分为两组，一组完成非竞争情境下的测验，另一组完成竞争情境下测验。在非竞争情境下，再将被试分成两组，分别完成应聘者为男性或女性的测验。在竞争情境下，为了平衡顺序效应，男女应聘者求职简历呈现的先后顺序平均分配，后面的态度与行为倾向问题顺序亦做了相应调整。

被试先参加内隐测验，然后完成情境问卷中的态度与行为倾向问题，最后完成大学生现代性别偏差态度问卷、敌意性别偏见、善意性别偏见量表和无偏反应动机量表。

3　结果

3.1　情境对性别偏差反应的效应分析

本研究对被试性别和情境（竞争、非竞争）变量在对男、女应聘者评价与行为反应倾向上的主效应进行了考察，结果见表7-1、表7-2。

表7-1　性别、情境对男应聘者评价和行为倾向的效应分析

自变量	因变量	平方和	自由度	均方	*F*
性别	评价	1.807	1	1.807	1.454
	行为倾向	0.007	1	0.007	0.011
情境	评价	11.143	1	11.143	9.355**
	行为倾向	1.893	1	1.893	3.100
性别*情境	评价	12.496	1	12.496	11.070**
	行为倾向	3.754	1	3.754	6.299*

表7-2　性别、情境对女应聘者评价和行为倾向的效应分析

自变量	因变量	平方和	自由度	均方	*F*
性别	评价	1.465	1	1.465	1.072
	行为倾向	0.901	1	0.901	1.371
情境	评价	1.851	1	1.851	1.356
	行为倾向	3.635	1	3.635	5.653*
性别*情境	评价	0.698	1	0.698	0.510
	行为倾向	1.464	1	1.464	2.297

由表7-1可知，性别在对男、女应聘者评价和行为反应倾向上主效应均不显著。情境在对男性应聘者评价和女性应聘者行为倾向上主效应显著（$p<0.01$），性别和情境在对男性应聘者评价与行为反应上交互作用均显著（$p<0.05$），见图7-1、图7-2。

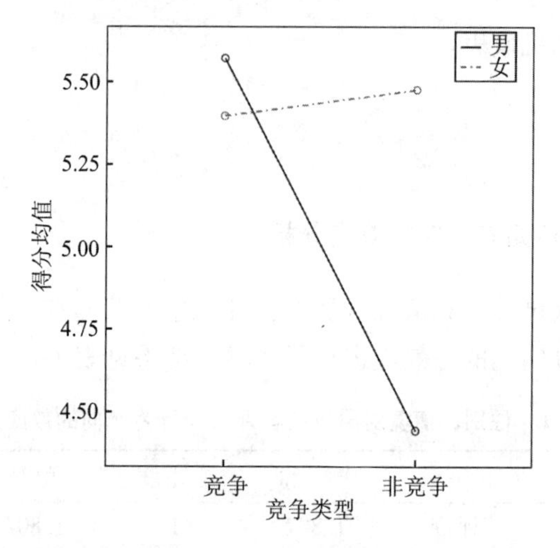

图 7-1　性别和情境在“对男应聘者评价”指标的交互作用

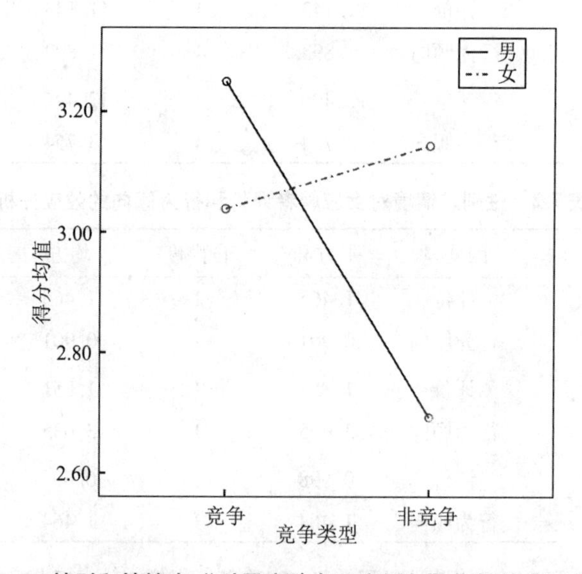

图 7-2　性别和情境在“对男应聘者反应倾向”指标的交互作用

为了进一步检验效应显著的变量，本研究采用独立样本 t 检验，考察竞争和非竞争情境下大学生在对应聘者的评价与反应倾向方面的差异，结果见表 7-3。另外，采用配对 t 检验考察竞争情境下男性和女性应聘者评价与反应倾向的差异；采用独立样本 t 检验考察非竞争情境下男性和女性应聘者评价与反应倾向的差异。结果见图 7-3。

表 7-3　不同情境下大学生对应聘者评价和反应倾向的差异分析（$M \pm SD$）（$n = 385$）

	男性应聘者				女性应聘者			
	评价		反应倾向		评价		反应倾向	
	M	*SD*	*M*	*SD*	*M*	*SD*	*M*	*SD*
竞争	5.470	1.020	3.126	0.708	4.973	1.195	2.634	0.827
非竞争	4.904	1.275	2.893	0.960	5.186	1.102	2.933	0.739
t	3.059**		1.176		−1.165		−2.378*	

表 7-3 显示，大学生在竞争情境下对男性应聘者的评价显著高于在非竞争情境下对男性应聘者的评价（$p < 0.01$），而在竞争情境下对女应聘者的反应倾向得分却显著低于在非竞争情境下对女性应聘者的反应倾向（$p < 0.05$）。而配对 t 检验结果表明，在竞争情境之下，被试对男性应聘者的评价和反应倾向的得分显著高于对女性应聘者的评价和反应倾向（$t_{认知(278)} = 3.668$，$p < 0.001$；$t_{反应倾向(278)} = 5.111$，$p < 0.001$）。在非竞争情境下被试对男、女应聘者的评价和反应倾向均无差异（$t_{认知(105)} = -1.201$，$p = 0.233$；$t_{反应倾向(105)} = -0.227$，$p = 0.821$）。

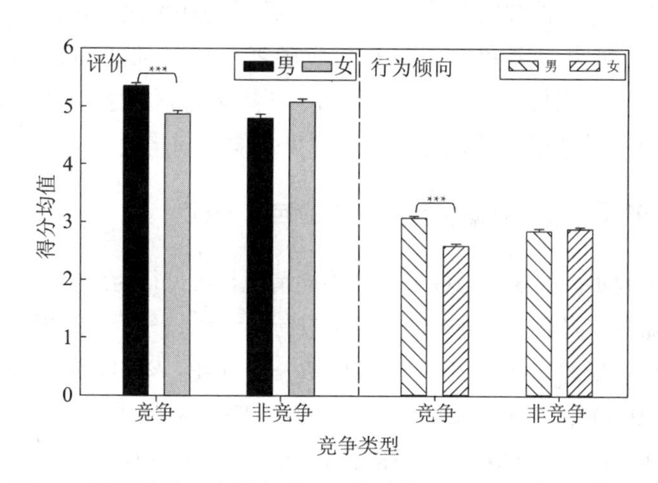

图 7-3　不同情境下大学生对男女应聘者评价和反应倾向差异图

3.2　偏差形式对性别偏差反应的影响分析

本研究采用 Pearson 相关分析，对敌意性别偏见（HS）、现代性别偏见（GMSS）、职业性别偏见（OSS）、善意性别偏见（BS）、内隐性别偏见效应值（IAT1）、内隐性别职业偏见效应值（IAT2）、无偏反应内部动机（IMS-S）、外部动机（EMS-S）与大学生对男应聘者评价（VM）、对男应聘者反应倾向（AM）、对女应聘者评价（VF）、对女应聘者反应倾向（AF）之间的关系进行了分析，见表7-4。

表7-4　不同性别偏差态度与大学生性别偏差反应的相关分析（*r*）

	VM	AM	VF	AF
HS	-0.077	0.011	0.027	0.103
GMSS	0.049	0.100	0.058	0.102
OSS	0.001	0. 087	0.108	0.126
BS	0.006	0.062	0.199**	0.077
IAT1	-0.021	0.009	-0.051	0.051
IAT2	-0.088	0.021	0.055	-0.076
IMS-S	-0.074	-0.105	-0.023	0.006
EMS-S	-0.184*	-0.058	0.030	0.081
VM		0.669***	0.007	-0.303***
AM			0.053	-0.048
VF				0.033

注：表中VM代表对男应聘者评价、AM代表对男应聘者反应倾向、VF代表对女应聘者评价、AF代表对女应聘者反应倾向。下同。

表7-4显示，善意性别偏见与对女应聘者的评价之间呈现显著正相关（$p<0.01$）；对男应聘者评价与对男应聘者反应倾向之间呈显著正相关（$p<0.001$），对男应聘者评价与对女应聘者反应倾向之间呈显著负相关（$p<0.001$）。其他形式的偏见态度与偏见反应之间相关不显著。

3.3　偏差形式、情境对偏差行为反应的回归分析

为了检验不同的偏见态度形式、不同情境与偏见行为反应之间的确切关系，本研究在单因素方差分析的基础上进行多元回归分析。结果变量全部进入回归模型，经检验差异显著（VM：$R^2=0.464$，$F=11.908$，$p<0.001$；AM：$R^2=0.404$，$F=9.324$，$p<0.001$；VF：$R^2=0.132$，$F=1.886$，$p<0.05$；AF：$R^2=0.188$，$F=3.181$，$p<0.01$）。见表7-5至表7-8。

表7-5　不同性别偏差态度、不同情境对男应聘者评价的多元回归分析

自变量	非标准系数（B）	标准误差（$S_{\bar{x}}$）	标准系数（B'）	t
HS	0.020	0.131	0.012	0.152
GMSS	0.084	0.149	0.049	0.563
OSS	0.135	0.134	0.099	1.009
BS	0.045	0.146	0.024	0.310

续表

自变量	非标准系数（B）	标准误差（$S_{\bar{x}}$）	标准系数（B'）	t
IAT1	0.000	0.000	−0.062	−0.632
IAT2	−0.001	0.001	−0.161	−2.251*
IMS-S	−0.033	0.143	−0.019	−0.234
EMS-S	−0.166	0.120	−0.094	−1.391
Situation	−0.566	0.185	−0.223	−3.059**
AM	0.833	0.097	0.579	8.594***
VF	−0.047	0.060	−0.055	−0.790
AF	−0.357	0.084	−0.290	−4.257***

注：Situation 代表情境变量，下同。

从表7-5的回归结果可知，IAT2（内隐性别职业偏见效应值）对因变量“对男应聘者的评价”有显著负向影响作用（$p<0.05$），表明内隐职业偏见效应值越低，被试就越有可能对男应聘者做出较高评价。情境对因变量有显著负性影响作用（$p<0.001$），表明越是处于竞争性情境下，被试就越有可能对男应聘者做出较高偏见。自变量“对男应聘者的反应倾向”对因变量具有显著正向影响作用（$p<0.001$），表明被试对男应聘者反应倾向越积极，就越有可能对其做出较高评价。自变量“对女应聘者的反应倾向”对因变量具有显著负向影响作用（$p<0.001$），表明被试对女应聘者反应倾向越消极，就越有可能对男应聘者做出较高评价。

表7-6　不同性别偏差态度、不同情境对男应聘者反应倾向的多元回归分析

自变量	非标准系数（B）	标准误差（$S_{\bar{x}}$）	标准系数（B'）	t
HS	−0.033	0.096	−0.028	−0.342
GMSS	−0.015	0.110	−0.012	−0.136
OSS	0.092	0.094	0.095	0.976
BS	−0.049	0.107	−0.038	−0.456
IAT1	−0.056	0.000	−0.030	−0.307
IAT2	−0.049	0.107	−0.038	−0.456
IMS-S	−0.122	0.105	−0.099	−1.170
EMS-S	0.038	0.088	0.031	0.430
Situation	−0.233	0.132	−0.130	−1.761
VM	0.448	0.052	0.645	8.594***
VF	0.041	0.044	0.069	0.937
AF	0.148	0.065	0.172	2.285*

从表7-6的回归结果可知，“对男应聘者的评价水平”和“对女应聘者的反应倾向”对因变量具有显著正向影响作用（$ps < 0.05$）。结果表明，对男应聘者评价越高或者对女应聘者反应倾向越积极，则对男应聘者的反应倾向也就越积极。

表7-7 不同性别偏差态度、不同情境对女应聘者评价的多元回归分析

自变量	非标准系数（B）	标准误差（$S_{\bar{x}}$）	标准系数（B'）	t
HS	-0.185	0.196	-0.093	-0.940
GMSS	-0.225	0.224	-0.111	-1.003
OSS	0.157	0.151	0.101	1.037
BS	0.758	0.209	0.349	3.622***
IAT1	0.000	0.001	-0.092	-0.945
IAT2	0.001	0.001	0.078	0.834
IMS-S	-0.118	0.215	-0.057	-0.551
EMS-S	-0.141	0.181	-0.068	-0.783
Situation	0.213	0.183	0.084	1.165
VM	-0.106	0.135	-0.091	-0.790
AM	0.172	0.183	0.102	0.937
AF	-0.184	0.134	-0.127	-1.369

从表7-7的回归结果可知，善意性别偏见对因变量“对女应聘者评价”具有显著正向影响作用（$p < 0.001$），这表明越是对女性抱有善意的偏见态度，就越有可能对女应聘者做出较高评价。

从表7-8的回归结果可知，IAT2（内隐性别职业偏见效应值）对因变量“对女应聘者的评价”有显著负向影响作用（$p < 0.05$），这表明对女性的内隐性别职业偏见程度越强烈，就越有可能对女应聘者做出消极行为反应。情境对因变量有显著正向影响作用（$p < 0.05$），这表明越是处于竞争性情境下，被试就越有可能对女应聘者做出消极行为反应。“对男应聘者评价”对因变量具有显著负向影响作用（$p < 0.001$），这表明对男应聘者评价越高，就越有可能对女应聘者做出消极行为反应。对男应聘者反应倾向对因变量具有显著正向影响作用（$p < 0.05$），这表明对男应聘者反应倾向越积极，就越有可能对女应聘者表现出积极反应倾向。

表 7-8 不同性别偏见态度、不同情境对女应聘者反应倾向的多元回归分析

自变量	非标准系数（B）	标准误差（$S_{\bar{x}}$）	标准系数（B'）	t
HS	0.086	0.131	0.063	0.660
GMSS	0.137	0.149	0.097	0.917
OSS	0.100	0.108	0.090	0.921
BS	0.107	0.146	0.071	0.732
IAT1	0.237	0.000	0.014	0.140
IAT2	-0.001	0.001	-0.194	-2.194^{*}
IMS-S	0.023	0.143	0.016	0.162
EMS-S	0.119	0.120	0.083	0.995
Situation	0.298	0.125	0.170	2.378^{*}
VM	-0.357	0.084	-0.440	-4.257^{***}
AM	0.274	0.120	0.235	2.285^{*}
VF	-0.081	0.059	-0.117	-1.369

4 分析与讨论

4.1 情境因素是影响偏差行为的重要变量

本研究发现，在加入情境变量后，被试对男女应聘者的认知和行为反应倾向间的差异更加显著。被试在竞争情境下对男性应聘者的评价显著高于在非竞争情境下对男性应聘者的评价（$p<0.01$），而被试在竞争情境下对女应聘者的行为反应倾向比在非竞争情境下更消极（$p<0.05$）。根据现实群体冲突理论（realistic group conflict theory），偏见是群体间争夺资源或权力不可避免的后果（LeVine & Campbell, 1972）。一旦群体为某些资源而竞争，就会产生一个群体对另一群体的偏见。在竞争过程中受到威胁可能会失去竞争资源的一方，将产生挫败感。按照多拉德的挫折—攻击理论，挫败感很容易导致攻击行为，包括直接攻击和间接攻击（Hill, 2000）。奥尔波特认为，一个人所拥有的最重要的资源范畴是他所持有的价值，个体对其价值有积极的依恋和偏爱，人们之所以贬低和憎恶他人，是因为他人的价值对自身价值构成了威胁和挑战。形成于20世纪90年代的恐惧管理理论（Terror Management Theory）认为，为了摆脱恐惧，人们会更加倾向于维护他所信奉的文化价值观，并由此获得自尊。在恐惧感提升的情况下，那些对内群体价值和世界观构成威胁的外群体成员将遭到更

加严重的偏见与歧视（高明华，2015）。在本研究的实验设计中，面对男女竞争的冲突情境，选中女性作为管理者即意味着对男性权威地位的挑战，以及对男性资源的侵犯。在这种情况下，男性被试会产生对女性应聘者的消极行为反应，从而维护传统的男性主体地位。以往也有研究发现，在经济危机或失业的情况下，人们更容易发生对女性的偏见与歧视（Pettigrew，1997）。

研究还发现性别和情境在对男性应聘者评价与行为反应上交互作用均显著（$p<0.05$）。男大学生在竞争情境下对男性应聘者的评价和反应倾向得分显著高于在非竞争情境下对男性应聘者的评价与反应倾向。对于这一结果可以用内群体偏好理论来解释，即人们往往以积极正面的情绪和特殊待遇去对待内群体成员，而以消极负面情绪和不公正待遇去对待外群体成员。社会心理学家 Tajifel 认为，人们认同内群体的主要目的是提高个体的自尊（Tajifel，1982）。如果个体所属群体的社会价值高，那么个体的价值也就能够得以体现；相反，如果个体所属群体的社会地位和价值受到威胁，那么个体的自尊就会受到威胁。所以，当所在群体的社会地位和价值受到威胁时，个体会对威胁到自己的外群体产生强烈的反感和排斥，以维护群体和个体的自尊。本研究中所设计的竞争情境是男女要竞争同一个工作岗位，并且这个工作岗位属于传统男性领域。在面对威胁的情况下，男大学生被试就会产生排斥女性应聘者的行为倾向，即“觉得女性应聘者不会被选中”，“即使有钱也不愿意投资在她的项目中”。本研究结果与以往研究结果一致，比如发现自我形象受到威胁的群体，容易产生强烈的偏见意识（Myers，2005）。

4.2　善意性别偏差与对女性管理者的积极评价密切相关

根据矛盾性别偏见理论，持有善意性别偏见者更有可能对遵从传统性别角色规范的女性评价高，持有敌意性别偏见者更有可能对违反传统性别角色规范的女性评价低，如职业女性。以往有实证研究发现，敌意性别偏见得分与对非传统女性的高评价呈显著负相关；善意性别偏见得分与对非传统女性的评价相关不显著，却与对传统女性的高评价呈显著正相关（Glick，Diebold，Balley-Werner & Zhu，1997）。但是也有不一致的研究结果，如敌意性别偏见与对女性管理者的负面评价呈显著正相关关系（Masser & Abrams，2004；Sakalli-Ugurlu & Beydogan，2002）；善意性别偏见与对非传统女性的评价呈显著负相关关系（Viki & Abrams，2002）。

本研究发现，善意性别偏见与对女性应聘者的评价之间呈现显著正相关关系（$p < 0.01$）；通过进一步的回归分析发现，善意性别偏见对因变量“对女性应聘者的评价”具有显著正向影响作用（$p < 0.001$），表明越是对女性抱有善意的偏见态度，就越有可能对女应聘者做出较高评价。而敌意性别偏见则与对女性应聘者的评价或行为倾向之间相关不显著。

矛盾性别偏见理论的提出者 Glick 等人将偏见分为两类（Glick & Fiske，2001）：一类是家长式的偏见，即对某一群体表现出善意或同情等积极态度。主要针对那些弱势、需要帮助、但对自身不构成威胁的群体，比如女性、残疾人、老年人等。但是持有这种态度的结果却强化了女性的从属地位。另一类是嫉妒式的偏见，即对某一群体表现出敌对的消极态度，表现为既怕又恨，还有欣赏的成分，主要针对威胁到内群体自尊的群体。如果用矛盾性别偏见的理论来解释对待女性的态度，则并不只是负性的敌对态度，还包含善意的成分。同样，对待女性管理者的态度既包含了善意的态度，又包含了嫉妒但欣赏的成分。本研究结果证明，持有高善意性别偏见态度的被试对待女性管理者的态度总体是积极的。以往也有研究发现，持有敌意性别偏见者通常会联想到令人讨厌的女性特质，而持有善意性别偏见者则更多联想到令人喜爱的女性特质（Glick & Fiske，2001）。

4.3　内隐态度是预测行为的显著变量

本研究发现，对女性应聘者的内隐偏见程度是对女性积极行为的显著负性预测变量。结果表明，内隐态度是预测行为的显著变量。这与以往研究结果一致。以往有研究分别采用语义启动（Dovidio et al.，1997）、评价启动（Fazio et al.，1995）和概念归类任务范式（McConnell & Leibold，2001），来研究被试的内隐种族态度与对黑人的友好行为之间的关系。结果发现，被试的内隐态度可以有效预测对待黑人的行为方式。内隐偏见程度越深，对黑人的友好行为越少。Rudman 研究发现，无论是采用语义启动范式（Rudman & Borgida，1995），还是采用概念归类任务范式（Rudman & Glick，2001），都得出内隐性别偏见态度对女性就业歧视具有显著影响作用的结果。

内隐态度反映的是概念之间的自动化联系，比意识加工要迅速，这决定了它在个体行为中的重要作用。如此看来，根据态度与行为之间的关系，内隐态度可以预测个体的行为。以往也有研究发现，IAT 更能预期不受控制或难以控制的行为，而外显方法的测量结果能更好地预期可以控制的行为（Banse，Seise & Zerbes，2001）。

4.4 女性在职场中面临的玻璃天花板效应

本研究中设计的应聘岗位是投资/项目经理，是一个高风险当然也是高收入的职业，传统上属于男性职业领域。研究结果发现，在竞争情境下，大学生被试对男性应聘者的评价和反应倾向得分均显著高于对女性应聘者的评价和反应倾向（$ps<0.001$）。这一研究结果说明，当代大学生在职业领域的传统性别刻板印象依然存在，对女性应聘者评价较低并且对其抱有消极态度。本研究结果与以往研究结果一致。多项研究发现，无论是外显问卷调查还是实验室观察，人们总是更支持男性做领导（Eagly & Karau，1991；Rudman & Kilianski，2000）。说明在职业领域依然存在对女性的玻璃天花板效应。“玻璃天花板”被用来描述阻止女性进入职场最高阶层的障碍，它虽然看不见却无法逾越。人们普遍认为，管理者的典型特征如有雄心、支配力强等，与传统的男性特质相符合，这导致女性不适合做管理者的偏见态度产生。而且有研究表明，男性倾向于反对女性在公司中得到提升（朱美荣，2005）。即使女性突破了玻璃天花板效应，她们的待遇也会比男性低（Heilman & Okimoto，2007），并且下属对其评价也比较低（Lyness & Heilman，2006）。有研究者比较了当男女两性分别从事传统男性所从事的职业时被试知觉态度的差异，发现与男性相比，被试对女性从事男性所从事的职业评价更低，并且更容易引发被试的消极反应（Rudman & S. E. Kilianski，2000）。本研究也发现，即使选择女性作为投资经理，但被试选择投资到女经理公司的资金要比投资到男经理公司的资金少。这一研究结果表明，当女性按照管理者的典型特征实施某一行为时，她们更有可能被抵制，尤其在男性占主导地位的领域中更是这样。

5 结论

本研究采用情境实验法，考察情境、性别偏见表现形式、动机对持偏者认知与行为倾向的影响，结果表明：① 情境是影响行为的重要变量，竞争情境下持偏者对女性的态度和行为倾向更加消极。② 善意性别偏见态度与对女性管理者的积极评价密切相关，越是对女性持有善意的偏见态度，就越有可能对女应聘者做出较高评价。③ 内隐性别偏见是预期行为的显著变量。④ 当今社会女性在职场中依然要面对玻璃天花板效应。

第八章

内群体偏见知觉对自尊与行为倾向的影响

1 引言

偏见知觉，是指个体在知觉过程中对偏见的知觉，所指向的知觉客体是偏见（张玮 & 佐斌，2007）。以往研究发现，知觉到自身遭受偏见通常会给个体带来痛苦、自尊水平下降等消极心理后果，其中最主要的是刻板印象威胁效应。

刻板印象有积极和消极之分，对一个群体的刻板印象可能同时包含积极与消极的成分（Greenwald & Banaji，1995）。Steele 等人在 1995 年通过实验研究提出，消极刻板印象可能会产生刻板印象威胁效应（Steel & Aronson，1995）。该理论认为，当某种消极刻板印象被激活时，由于害怕自己印证这种刻板印象，个体完成任务的水平会下降，并产生焦虑、担忧等消极情绪体验，还可能导致自我效能感下降。而积极刻板印象会消除这种威胁，使得个体完成任务的水平提高，从而产生刻板印象提升的现象（Seibt & Forster，2004）。有研究发现，通过去除负性刻板印象的威胁而强调正面刻板印象，会提高学生的学业成绩（Myers，2005）。该研究的研究对象为亚裔美国女性，一个实验条件是唤醒其负性社会刻板印象意识，另一个条件是唤醒其正面社会刻板印象意识。在做数学测验之前，询问她们的个体生活经历，提醒其性别身份，借以唤醒其“女性在数学方面表现不如男性”的负性刻板印象，结果她们的数学测验成绩显著低于控制组。但是，当提醒其亚洲身份，借以唤醒其“亚洲人的数学成绩好于其他种族”的刻板印象后，这些被试的数学测验成绩比在第一种条件下显著提高。这说明，负性刻板印象干扰个体的行为表现，而正面刻板印象却能够提高个体成绩。

自尊是个体自我意识中具有评价意义的成分，是与价值需要相联系、对自我的态度体验，是心理健康的重要指标之一（林崇德，1995）。以往研究发现，自尊对人们应对积极反馈的方式影响很小。因为每个人都希望成功，愿望实现后也会自我感觉良好，自尊发挥作用最大的地方是在人们面对消极反馈的时候（杨娟、张庆林，2009）。面对失败反馈，人们往往通过自我肯定来提升自尊。但也有研究发现，认同对自己所属群体的消极刻板印象可能导致低自尊（Crocker & Major，1989）。根据社会认同威胁理论，个体如果意识到自己所在的群体遭受偏见待遇，则会对自己所在群体的价值判断构成威胁（Branscombe，Spears，Ellemers & Doosje，2002）。该理论认为，人们在社会认知的过程中，将世界归类为内群体和外群体，人们的自尊感源于对本群体成员的社会认同，即个体价值是通过认同内群体而获得的。人们的自我概念与内群体所受到的评价高度相关，即如果我们所在的群体有较高的社会地位，那么我们可能具有高自尊水平；如果我们所属的群体社会地位低下，那么这可能导致我们的自尊水平降低（Tajifel，1982）。社会认同具有动机性，满足了个体保持自尊的心理需要。针对以往研究结果不一致的情况，有必要进一步探析知觉到内群体受到偏见对个体自尊水平的影响作用。

由于社会比较的存在，当内群体价值受到威胁时，个体可能会通过贬损外群体来达到提高自尊水平的目的。本研究设计了内群体价值受到威胁的情境，拟考察内群体性别偏见知觉与内外群体认同之间的关系以及偏见知觉对行为倾向的影响。

2 方法

2.1 研究对象

苏州科技大学大二年级 68 名女生参加性别偏见知觉与性别角色认同测验，其中文科学生 38 人，理科学生 30 人，平均年龄 20.3 岁；102 名人力资源管理专业大二、大三年级的女生参加实验室实验，平均年龄 21.1 岁。两组被试无交叉，以前未参加过类似实验。

2.2 研究工具

（1）中国大学生性别角色量表

采用刘电芝教授编制的中国大学生性别角色量表（CSRI-50），测量被试对男、女性别角色的认同程度（刘电芝、黄会欣、贾凤芹，2011）（见附录11）。该量表包括男性化与女性化两个分量表，各16个项目，另外18个项目为干扰项。其男性和女性分量表的内部一致性系数分别为0.89和0.84，重测信度分别为0.82和0.80，效标关联效度分别为0.84和0.83，信度与效度良好。评定量表分7个等级，从“完全不符合”到“完全符合”依次计1到7，得分越高表示对男性特质或女性特质认同度越高。

（2）自尊量表

本研究采用Rosenberg自尊量表（SES）测量被试的自尊水平（见附录10）。该量表是目前应用最为广泛的测量总体自尊的工具之一。其内部一致性系数分别为0.77 ~ 0.85（汪向东，1999），效标关联效度良好（张文新，1997）。本研究中采用5点式计分方法，从1到5分，依次代表“非常不同意”到“非常同意”。得分越高，表示个体自尊水平越高。

（3）性别偏见知觉调查问卷

本研究自编女性性别偏见知觉调查问卷，共包括4个项目（见附录9）。采用5点式计分方法，从1到5分，依次代表“非常不同意”到“非常同意”。得分越高，表示对性别偏见知觉程度越高。

（4）情绪状态调查问卷

本研究自编情绪状态调查问卷，采用5点式计分方法，从1到5分，依次代表“非常不同意”到“非常同意”。得分越高，表示情绪越消极（其中第2、第4题反向计分）（见附录12）。

（5）态度与行为倾向调查问卷

本研究自编态度与行为倾向调查问卷，采用5点式计分方法，从1到5分，依次代表“非常不同意”到“非常同意”。得分越高，表示对女性管理类职业态度越积极以及选择管理类职业的倾向性越大（见附录13）。

2.3 研究程序

研究一，采用性别偏见知觉调查问卷、自尊量表和中国大学生性别角色量表对女大学生的性别偏见知觉程度、自尊水平与性别角色认同程度进行测量。

研究二，采用情境实验法考察不同性别偏见知觉程度对于被试态度、行为倾向及性别角色认同的影响。研究中所设计的情境为所有被试提交简历后均未被录用，但得到的反馈不同。她们分别得到消极反馈、无反馈与积极反馈。这三种反馈形式分别代表三种不同的性别偏见知觉状态。消极反馈代表个体知觉到内群体受到偏见威胁；无反馈代表个体并未意识到内群体受到偏见威胁；积极反馈代表个体知觉到内群体价值提升。具体步骤如下：

（1）选择实验材料

自编空白求职简历表，其内容包括性别、出生年月、民族、籍贯、健康状况、学历、学位、何时何地何专业毕业、实践经历、获得荣誉称号及自我评价（见附录14）。

反馈指导语：自编反馈指导语。

消极反馈指导语：抱歉，您未被录用。我们认为女性不适合担任人力资源部门的领导职务。由于女性的仁慈与善良，使得她们在处理问题时经常会感情用事，缺乏理性，以致不能严格按照公司的规章行事。尤其是当需要做出重大决策时，公司会因为女性领导的优柔寡断而失去发展机会。因此，我们在招聘时会优先考虑男性应聘者。

无反馈指导语：抱歉，您未被录用。

积极反馈的指导语：抱歉，您未被录用。由于您缺乏实践经验，我们这次不能录用您。但是我们还是非常欢迎女性担任人力资源部门的领导职务。女性善于倾听、善解人意、能够听取团队中大多数人的意见，因此，在做决策时往往能够代表团队中多数人的意愿。另外，女性本身善于协调的能力和同情关爱的特点比较适组织协调工作。期待下一次合作的机会。

（2）程序编制：本研究使用 Inquisit 软件进行编程（冯成志，2009），实验材料在计算机上自动呈现。

（3）具体实验程序：

将被试随机分成三组，分别接受不同的实验处理：消极反馈、无反馈和积极反馈。消极反馈组的程序为：填写求职简历—提交简历—得知结果—消极反馈评语—填写调查问卷；无反馈组的程序为：填写求职简历—提交简历—得知结果—填写调查问卷；积极反馈组的程序为：填写求职简历—提交简历—得知结果—积极反馈评语—填写调查问卷；

宣读指导语：被试进入实验室后首先被主试告知“由于各位同学学习的是人力资源管理专业，为了检验大家的专业知识和技能，现在给你提供一个应聘人力资源部门经理的机会。请各位填写一份求职简历并提交。我们邀请了5位招聘主管通过网络在线对你做出评价，5分钟后你将会得知是否被录用的结果”。

主试指导被试打开电脑和实验程序，被试在计算机上独立填写求职简历，完成后点击屏幕右下角的“完成后请提交”按钮。

随后屏幕上后出现“正与招聘部门建立网络连接，招聘主管正在评阅你的信息，请稍候。请不要做任何操作，耐心等待招聘结果反馈”字样。

请提交成功的被试自由活动5分钟。

5分钟后被试的计算机屏幕上出现“抱歉，您未被录用”字样。

随后每位被试前的屏幕上将随机出现“请点击查看反馈”或“你的招聘结束，请点击退出”字样。

被试点击查看反馈后，屏幕上将随机出现消极或积极反馈语。1分钟后所有被试的屏幕上都出现“你的招聘结束，请点击退出”字样（见附录15）。

接下来请所有被试完成情绪状态调查问卷、态度与行为倾向调查问卷、自尊量表和中国大学生性别角色量表。

实验在苏州科技大学心理与行为中心机房进行，采取团体施测的方式，每次可容纳30名被试，共分4个场次进行。每个场次的三种反馈情况积极反馈、消极反馈、无反馈均随机呈现。

3　研究结果

3.1　内群体偏见知觉与自尊、性别角色认同的相关

本研究采用Pearson积差相关考察了女大学生内群体性别偏见知觉与自尊、性别角色认同之间的关系，结果见表8-1。

表8-1　内群体性别偏见知觉与自尊、性别角色认同之间的相关分析（r）

	自尊	男性角色认同	女性角色认同
偏见知觉	0.300***	0.156*	0.082

由表8-1的数据可知，女大学生内群体性别偏见知觉与自尊呈显著正相关（$p<0.001$），与男性角色认同呈显著正相关（$p<0.05$）。结果表明，女大学生知觉到女性群体受到的性别偏见越强烈，或者说女大学生认为女性群体受到的性别偏见程度越深，越有可能在随后的自尊测验中得高分，并且越认同男性特质。

3.2 内群体偏见知觉对自尊与行为反应倾向的影响

本研究采用单因素方差分析，分别考察了三种不同内群体性别偏见知觉状态（消极反馈、无反馈和积极反馈）对个体情绪、态度倾向、行为倾向、自尊与性别角色认同的影响，结果见表 8-2。

由表 8-2 可知，内群体性别偏见知觉状态在态度倾向和行为倾向上的效应显著（前者 $p<0.05$；后者 $p<0.001$），在男性角色认同上的效应边缘显著（$p=0.065$）。

为了进一步检验主效应显著的变量，采用单因素方差分析考察不同内群体性别偏见知觉状态的大学生在态度倾向、行为倾向和男性角色认同方面的差异，并采用 LSD 检验对均值进行两两检验，结果见表 8-3 和图 8-1。

表 8-2 不同内群体性别偏见知觉状态对自尊、行为反应倾向和角色认同的效应分析

	平方和	自由度	均方	*F*
自尊	0.242	2	0.121	0.372
情绪	0.343	2	0.172	0.479
态度倾向	4.526	2	2.263	3.084*
行为倾向	18.751	2	9.375	10.594***
男性角色认同	3.315	2	1.658	2.779[a]
女性角色认同	1.265	2	0.632	1.085

注：[a]表示边缘显著。

表 8-3 不同内群体性别偏见知觉状态在态度、行为倾向和男性角色认同方面的差异（$M \pm SD$）

自变量	态度倾向		行为倾向		男性角色认同	
	M	*SD*	*M*	*SD*	*M*	*SD*
消极反馈	3.457	0.943	3.171	0.977	4.658	0.778
无反馈	3.448	0.685	2.275	0.882	4.312	0.788
积极反馈	3.791	0.826	3.149	0.925	4.409	0.758
LSD 检验	3>1*；3>2*		1>2***；3>2***		1>2*；1>3[a]	

注：1 代表消极反馈，2 代表无反馈，3 代表积极反馈；[a]代表边缘显著。

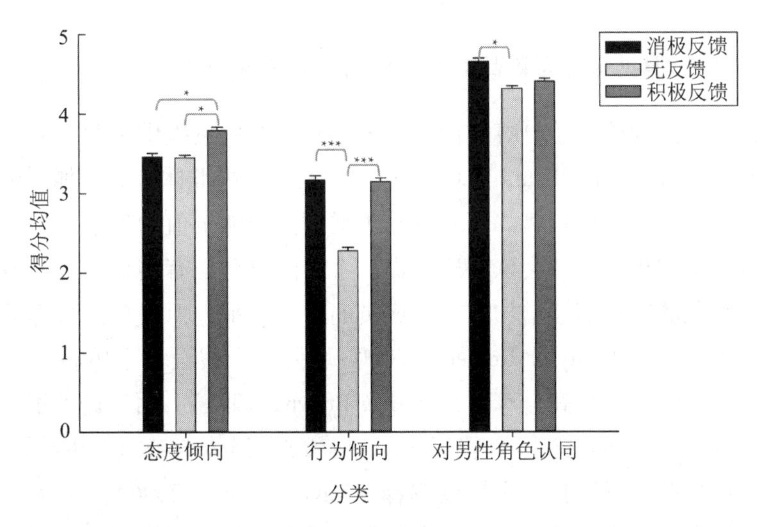

图 8-1　不同内群体性别偏见知觉状态在态度、行为倾向和男性角色认同方面的差异

由表 8-3 和图 8-1 可知，在面对积极反馈时，女大学生的态度比面对无反馈和消极反馈时更加积极；在面对消极反馈和积极反馈时，女大学生的行为倾向都比面对无反馈的状态下更加积极；在面对消极反馈时，女大学生对男性角色认同程度比面对无反馈和积极反馈时得分高。

4　分析与讨论

4.1　知觉到内群体偏见威胁促使个体自尊水平提高

本研究结果发现，在采用问卷调查法时，内群体偏见知觉与自尊水平之间呈显著正相关关系，而在应用实验法时，两者之间的关系并不显著。导致这种不一致的原因，主要在于在实验法中设计的是失败情境，无论被试面对的是消极反馈评语、积极反馈评语或者是无反馈评语，都可能因失败的结果而导致自尊水平下降。而内群体偏见知觉与自尊之间呈显著正相关的结果则验证了自尊维护机制中的自我肯定效应。当面临威胁情境时个体通常会通过重新肯定自己的价值来提升个体的自尊水平。本研究结果与以往相关研究的研究结果一致（Brown & Smart，1991；Oswald，2006；朱晓菲，2012）。为了维护自尊，当知觉到内群体价值受到威胁时，会认为自己是个特例，即自己是能干的，是不同于内群体其他成员的，个体自尊得分反而会提高。

4.2　内群体偏见知觉与对高地位群体的认同关系密切

社会认同理论对于自尊与内群体偏好知觉的关系提供了两个分离的假设（Taylor，Peplau & Sears，2006）。一个假设是内群体偏好增加个体的社会认同进而提高个体自尊。面对有利于增加内群体价值的现象和行为，更容易激发个体积极的社会认同感并提高个体的自尊。有实证研究发现，与外群体竞争的成功能够增加内群体成员的自尊水平，而失败则会降低自尊水平（Aberson，Healy & Romero，2000）。另一个假设是个体将从对高地位群体的认同中获得高自尊（Brewer & Brown，1998）。面对这种不一致的理论假设，可以通过个体自我（private self）、群体自我（collective self）以及个体自尊、群体自尊来加以解释（Taylor et al.，2006）。个体自我认同与个体自尊密切相关，而群体表现和所受到的价值评价则决定了群体自尊的水平。

本研究发现，女大学生对性别偏见的知觉程度与对男性角色认同显著正相关。通过研究进一步发现，当个体面对消极反馈评语时，对男性角色认同度显著高于面对无反馈评语和积极反馈评语的情形。结果表明，当个体面临内群体偏见威胁时，会选择远离内群体，转而认同高地位群体以获得个体自尊。本研究结果支持社会认同与自尊关系理论模型的第二个假设，即个体能从对高地位群体的认同中获得高自尊。从自尊的不同类型看，女大学生在面临内群体偏见威胁时，个体通过重新肯定自己，使个体自尊水平提高，然而她们远离内群体、趋近外群体的态度倾向却反映出其群体自尊较低的状况。

4.3　内群体偏见威胁导致消极的态度与行为倾向

本研究发现，在面对积极反馈时，女大学生对待管理类职业的态度比面对无反馈和消极反馈的状态更加积极，而在面对积极反馈时，女大学生的行为倾向比面对无反馈的状态更加积极。两个结果均表现出刻板印象提升效应。以往有研究者提出，积极刻板印象会消除威胁，使得个体完成任务的水平提高，发生刻板印象提升的现象（Seibt & Forster，2004）。本研究结果与上述研究结论一致。对于本研究中得出的女大学生在面对消极反馈即面临内群体偏见威胁时态度比在积极反馈条件下更消极的结果，还可以用以下理论来解释。当面临内群体偏见威胁时，个体会产生领域不认同和远离刻板化群体的心理和行为倾向（阮小林、张庆林、杜秀敏，2009）。

领域不认同表现为个体对遭遇偏见的学科、专业或职业兴趣下降，对其赋予较低价值（Steel，1997）。本研究中也出现了当面临内群体偏见威胁时，被试对“管理类专业的兴趣”下降的趋势。远离刻板化群体主要表现为对消极刻板化群体特质的回避（Steel & Aronson，1995）。本研究结果显示，当面临内群体偏见威胁时，女大学生虽然没有表现出对女性特质的回避，却表现出对男性特质认同度提高的趋势。

5　结论

本研究采用问卷调查法和情境实验法，考察了女大学生内群体性别偏见知觉对自尊和行为倾向的影响，结果表明：① 内群体性别偏见知觉与自尊之间呈正相关关系，当面临内群体偏见威胁时，个体通过重新肯定自己的价值来提升自尊水平。② 当女大学生面临内群体偏见威胁时，她们对男性特质的认同度提高，表明个体通过对高地位群体的认同来获得自尊。③ 当面临内群体性别偏见威胁时，个体的态度倾向更趋消极，而面对内群体价值提升的状况，个体的态度和行为倾向则变得积极。

第九章

性别偏差态度的干预*

1 引言

本研究发现，性别偏见现象普遍存在，可能导致认知和行为倾向的偏差，并使受偏者的态度和行为倾向更加消极。学者们一直在为减少或消除偏见而进行理论探讨或实证研究。有一种观点认为，只要改变认知中的负性信念就能够减少或去除偏见，结果证明该举措效果并不理想（Aronson et al.，2012）。其原因是偏见作为一种态度，包含认知、情感和行为倾向三个成分，带有非常强烈的情感色彩，单纯通过改变信念很难达到改变情感和行为的目的。

心理学家 Allport 提出，减少偏见的最重要途径是接触（Allport，1954），此后人们的训练方式大多遵循这一路径。心理学家 Aronson 总结出通过接触减少偏见的六个条件：① 相互依赖；② 追求共同目标；③ 地位平等；④ 友好的非正式情境；⑤ 频繁接触；⑥ 社会规范保障。通过满足这六个条件的接触方式，才能使彼此深入了解对方，真正理解对方的行为方式，从而对已有的刻板印象提出质疑，并产生改变自己偏颇观念的意图。如此看来，相互深入了解，理解他人的行为方式，对于减少偏见至关重要。在我们的教育干预研究中，就加入了完成共同任务这样的环节。

以往关于减少偏见的研究大多针对外显偏见。至于内隐偏见能否被改变，一类观点认为，内隐偏见是长期的社会生活中不同群体之间社会地位差异的体现，具有稳定、持久和不易改变的特征（Dovidio et al.，1997；Fazio et al.，1995）。另一类观点认为，内隐偏见是个体对目标群体概念和属性概念过度学习后产生联结的结果，如果基于学习理论，则内隐偏见就

* 本章主体内容已公开发表，见：贾凤芹. 教育干预对减少大学生矛盾性别偏见的效果研究［J］. 江苏理工学院学报，2016，22（6）：129－132、140.

可以被改变（Devine，1989）。从现有研究结果看，在实验室研究中，内隐偏见可以被改变（Kawakami et al.，2000；Laurie A Rudman & Borgida，1995；Rudman & Borgida，1995；Dasgupta & Greenwald，2001）。但以上都是基于实验室研究得出的结果，缺乏生态效度。如果被试在日常生活中接受多元化的教育方式，深入接触外群体成员，那么能否有效降低内隐性别偏见？对这一问题的回答，既解决了内隐偏见是否具有稳定性的理论问题，又为减少偏见提供了有效的思路和途径。

以往研究发现，如果具有避免偏见反应的动机，个体就可以克服无意识偏见认知方式并改变偏见行为（Dunton & Fazio，1997；Plant & Devine，1998）。尽管用知觉层面的意志力去改变无意识层面的态度几乎很难实现，但仍然可以通过减少认知结构中的负性观念去尝试改变无意识层面的态度。心理学一直在探索通过改变个体的认知结构以减少偏见态度的途径。本研究也加入无偏反应动机这一变量，考察动机对于偏见态度改变的影响作用。

团体辅导是指团体指导者运用团体动力营造和推动信任、接纳、理解、支持的团体氛围，通过共同商讨、训练、引导促进团体成员了解和接纳自我，发展良好的心理适应能力，预防和处理团体成员心理问题为目标的心理辅导过程（鲍谧清、宋春蕾、贾凤芹，2011）。团体辅导通常以班级或小组为单位、以团体活动为载体，在班级团体心理环境下借助人际交互作用以促进个体心理与行为的改变。在团体辅导中，团体氛围和成员间的关系影响教育效果的形成；团体结构与规范具有改变个体行为的力量；团体可以消除个体对改变的对抗与恐惧；团体互动可以促进成员间产生共同的感受和体验。具体来讲，在团体活动中可以了解他人的观念与态度，观察、模仿他人的行为，并且通过互动交流、问题讨论、角色扮演、分享体验等方式促进个体认知与行为方式的改变，同时满足个体的情感需要。另外，团体辅导所创造的类似真实的社会生活情境，增强了团体成员的参与兴趣，并且个体在其中习得的知识和技能更容易迁移到日常生活中，效果容易巩固（樊朝晖，2006）。鉴于此，本研究采用团体辅导与课堂教学相结合的多元化教育方式，通过一学期的干预活动，期望减少实验组大学生的外显与内隐性别偏见。

2 方法

2.1 研究对象

实验组为苏州科技大学参加全校公共选修课“性别角色与人际交往”的大学生。最初注册选修的大学生为79人，去除请假、旷课等未完全出勤的学生，以及在前测、后测、外显测验、内隐测验、意向改变测验中回答问题不符合规范或缺失某项测验的学生38人，实验组有效被试为41人。其中男生15人，女生26人，大一年级学生17人，大二年级学生24人，平均年龄20.3岁，他们分别来自文科、理科和工科专业。控制组为参加“学习心理学”课程的大二年级学生，共43人。

2.2 研究工具

本研究采用大学生现代性别偏差态度调查问卷、敌意性别偏见量表和善意性别偏见量表测量大学生的外显性别偏见程度。调查问卷质量分析及使用方法见第三章。

采用内隐联结测验（IAT）测量大学生内隐性别偏见和内隐性别职业偏见。测验实施步骤及操作过程见第四章。

自编《意向改变评估调查问卷》（见附录16）。该问卷包括3个方面共9个问题，分别为认知改变意向、评价改变意向和行为改变意向。①认知改变意向测量参加团体辅导后的学生是否具有反抗性别偏见的意识，以及减少自身性别偏见的动机和愿望。②评价改变意向测量学生是否对团体辅导活动和主持活动的老师具有较高评价。③行为改变意向测量学生通过团体辅导是否认识了异性朋友，以及产生今后结识更多异性的愿望。该问卷以5点计分，从1到5依次代表完全不同意、比较不同意、中等、比较同意、完全同意，分别表示个体意向改变的程度，得分越高，表示意向改变的程度越强烈。

2.3 研究程序

在实验组和控制组学生第一次上课时，就测量他们的内隐和外显性别偏见程度，称为前测。实验组同学参加的“性别角色与人际交往”课程共12周，每周两节课，共24课时。控制组同学参加的“学习心理学”课程共16周，每周两节课，共32节课。到第12周，即实验组学生参加的课程结束时，分别测量实验组和控制组学生的内隐和外显偏见程度，称为后测。其中实验组学生还要填写《意向改变评估调查问卷》。为了与实验组在时间上匹配，在进行后测时控制组实际参加"学习心理学"课程学习的时间也是12周。为了使个体不同测量之间的数据匹配，在测验过程中给实验组和控制组中每一位被试编号，并在每次测量之前告知被试编号。

具体实验设计模式见表9-1。

表9-1　实验设计模式

组别	前测	实验处理	后测
实验组	O_1	X	O_2
控制组	O_3		O_4

注：X表示实验组接受为期12周，每周一次，每次2课时的课堂讲授加团体辅导干预。O_1为实验组前测，表示实验组被试接受外显和内隐性别偏见测量前测；O_2为实验组后测，表示实验组接受课堂讲授加团体辅导的实验处理后，接受外显和内隐性别偏见测量后测；O_3为控制组前测，表示控制组接受外显和内隐性别偏见测量前测；O_4为控制组后测，表示控制组接受外显和内隐性别偏见测量后测。

2.4　课堂讲授与团体辅导方案

2.4.1　主要内容

2.4.1.1　通过课堂讲授改变被试的认知方式

（1）遵循性别平等的基本理念，讲授性、性别角色、性别差异、性别偏见、性别平等等概念；讲授性别偏见的来源：认知、动机与社会性来源等理论知识。

（2）讲授在政治、经济、社会、家庭等不同社会生活领域性别偏见的状况及性别偏见导致的认知与行为偏差。

（3）讲授知觉到性别偏见对女性的自尊、学业成绩、学科与职业选择及社会成就所导致的消极后果。

（4）讲授社会制度的弊端：传统社会文化中的性别与女性地位；现代多元社会文化中的性别与女性地位。

（5）讲授减少性别偏见的策略和途径。

2.4.1.2　通过团体辅导改变被试的评价与行为方式

（1）观看录像、电视、广告等，讨论其中存在的性别偏见与歧视现象，对学生进行媒体素养教育，指导他们学会欣赏与批判。

（2）分析案例，讨论在家庭、学校、媒体及公共场合存在的性别刻板印象和性别偏见，培养被试的认知灵活性，并提高其分析问题的能力。

（3）进行角色扮演，不同性别同学间多接触，增强对异性的了解。

（4）通过共同完成活动，培养对异性价值的认同和尊重。

（5）对消除性别刻板印象与偏见提出自己的设想与建议。

2.4.2 具体课堂教学加团体辅导活动方案

2.4.2.1 课堂讲授大纲

第一讲：性与性别角色概述

第二讲：儿童与青少年性别角色发展

第三讲：社会性别与刻板印象

第四讲：亲密关系中的两性差异

第五讲：家庭结构、功能与两性关系

第六讲：媒体中的两性

第七讲：社会交往中的两性差异

第八讲：性别偏见的起源

第九讲：性别偏见的后果

第十讲：性别偏见知觉

第十一讲：中国性别平等状况

第十二讲：性别角色主流化

2.4.2.2 团体辅导活动方案

主题1：有缘相识

目标：相互认识、融洽气氛、澄清个人目标和建立契约。

活动：握握手好朋友，连环自我介绍，签订契约等。

主题2：心灵不设防

目标：增进认识与情感，建立相互信任、共情和接纳的气氛。

活动：大树与松鼠，解开千千结等。

主题3：了解性别差异

目标：认识到男性和女性在人格、心理特质与行为方式等方面的差异。培养灵活的认知方式。

活动：完成半结构化调查问卷：“我是男生，我____________”；或者“我是女生，我____________”。结束后与他人分享自己的答案，小组讨论自己和别人不同的答案。

主题 4：了解性别角色与刻板印象

目标：认识我们生活中一般的性别印象，初步发现生活中存在的性别偏见。

活动：完成半结构化问卷："男性就该___________"，或者"女性就该___________"。结束后与他人分享自己的答案，小组讨论自己与别人不同的答案。最后陈述自己的收获。

主题 5：认识生活中的性别偏见

目标：发现日常生活中存在的性别偏见，了解其产生的原因与导致的后果。

活动：① 回顾自己的成长经历，列举出在与父母、亲友等相处过程中，由于性别的原因而受到不公正待遇的情况。与小组成员分享，并陈述自己的收获。

② 角色扮演：分角色演出短剧《晚餐前》。分享自己扮演家庭角色的体会，并发现其中存在的性别偏见。

主题 6：辨别社会生活中的性别偏见

目标：使被试能够主动挖掘平时在社会生活中隐藏的性别偏见，促进成员理解造成这些偏见的原因并提出减少性别偏见的方法。

活动：① 列举出家庭、教育、职业领域中的性别偏见现象。

② 案例分析：我的职业，谁做主？

主题 7：两性交往中的性别偏见

目标：使被试了解恋爱与婚姻过程中两性态度的差异，找出隐藏的性别偏见，树立尊重异性的态度。

活动：① 让被试列举出自己的择偶条件，与小组其他成员分享，并总结陈述自己的收获。

② 观看情感类电视节目，倾听男女嘉宾的自我陈述和择偶条件，分析其中的性别差异。

作业：在大众媒体中找寻性别偏见的例子。

主题 8：媒体中的性别偏见

目标：能够发现书籍、报纸、电视、电影、网络、广告中存在的性别偏见，培养媒体素养。

活动：观看每位成员提交的案例，并分小组讨论其中是否存在性别偏见，是明显的还是隐蔽的，结束后陈述自己的收获。

主题9：超级任务

目标：认识两性的特质，端正两性交往的正确态度，体会两性合作的重要性，学会两性相处之道。

活动：口、手、足等游戏。

主题10：性别角色主流化——自我肯定训练

目标：培养性别角色同一性特质；察觉并悦纳异性的性别角色，学会欣赏并赞美异性。

活动：优点轰炸，列举出自己作为男性或女性的优点，再列举出异性的优点，并与小组其他成员分享，最后陈述自己的收获。

3　结果

3.1　干预前的同质性检验

本研究在实施课堂讲授加团体心理辅导方案的第一周，对实验组和控制组大学生的外显性别偏见，包括家庭性别偏见（FSS）、职业性别偏见（OSS）、教育领域性别偏见（ESS）、父母角色性别偏见（PSS）、现代性别偏见（GMSS）、善意性别偏见（BS）、敌意性别偏见（HS）和内隐性别偏见，包括IAT1和IAT2的状况分别进行测量，并对两组的偏见状况分别进行同质性检验（*t*检验）。结果见表9-2和表9-3。

表9-2　干预前实验组和控制组大学生外显性别偏见的同质性检验

	实验组前测		控制组前测		*t*
	M	*SD*	*M*	*SD*	
OSS	2.835	0.734	2.507	1.193	1.749
ESS	2.390	0.784	2.139	0.655	2.226
FSS	3.203	0.752	2.547	0.945	3.503**
PSS	2.634	0.705	2.298	0.848	1.820
SSS	2.943	0.576	2.682	0.768	1.752
GMSS	2.813	0.763	2.509	0.750	2.348
BS	3.780	0.825	3.436	1.106	1.608
HS	3.191	0.543	2.981	0.936	1.787

由表9-2可知，实验组和控制组大学生在家庭性别偏见方面差异显著（$p < 0.01$），实验组得分显著高于控制组。在外显性别偏见的其他维度——职业性别偏见（OSS）、教育领域性别偏见（ESS）、父母角色性别

偏见（PSS）、现代性别偏见（GMSS）、善意性别偏见（BS）和敌意性别偏见（HS）方面差异不显著。比较结果说明，实验组和控制组在干预前在外显性别偏见程度方面不存在显著差异，是同质的。

表 9-3　干预前实验组和控制组大学生内隐性别偏见的同质性检验

	实验组前测		控制组前测		t
	M	SD	M	SD	
IAT1	6.709	164.522	-20.83	152.515	0.650
IAT2	57.221	121.307	5.517	126.731	0.853

由表 9-3 可知，实验组和控制组大学生在内隐测验 IAT1 与 IAT2 的得分差异不显著，这说明实验组和控制组大学生在干预实施前在内隐偏见程度方面不存在显著差异，是同质的。

3.2　实验组被试的干预效果

3.2.1　实验组被试外显性别偏见的干预效果

为了考察干预效果，本研究对实验组和控制组外显性别偏见前测和后测设计所得的实验数据进行统计分析。首先，用实验组和控制组的后测成绩减去前测成绩，分别求出两组被试的增值分数。再采用独立样本 t 检验，对两组增值分数分别进行显著性检验。其中实验组被试的增值分数用 $\triangle a$ 表示，$\triangle a = O_2 - O_1$，控制组增值分数用 $\triangle b$ 表示，$\triangle b = O_4 - O_3$。结果见表 9-4。

表 9-4　干预前后实验组和控制组外显性别偏见增值分数的比较（$M \pm SD$）

	$\triangle a$		$\triangle b$		t
	M	SD	M	SD	
OSS	-0.461	0.592	0.258	0.815	-4.572***
ESS	-0.481	0.530	0.953	0.943	-8.492***
FSS	-0.863	0.605	0.180	0.657	-7.480***
PSS	-0.280	0.687	0.203	0.692	-3.177**
SSS	-0.792	0.467	0.349	0.872	-7.389***
GMSS	-0.577	0.579	0.293	0.691	-6.178***
BS	-1.243	0.490	-0.243	0.891	-6.291***
HS	-0.924	0.420	0.057	0.533	-9.250***

由表 9-4 可知，实验组外显性别偏见各项指标的增值分数与控制组相比差异显著（除 PSS $p < 0.01$ 之外，其他 $p < 0.001$），这显示了干预

对实验组被试的外显性别偏见程度产生显著影响。实验组外显性别偏见各项指标的增值分数△a 均小于 0，表明干预有效减少了实验组被试的外显性别偏见程度。

3.2.2 实验组被试内隐性别偏见的干预效果

本研究对实验组和控制组内隐性别偏见前测与后测设计所得的实验数据分别进行统计分析。首先，用实验组和控制组的后测成绩减去前测成绩，分别求出两组被试的增值分数。再采用独立样本 t 检验，对两组增值分数进行显著性检验。其中实验组被试的增值分数用△c 表示，△$c=O_2-O_1$，控制组增值分数用△d 表示，△$d=O_4-O_3$。结果见表 9-5。

表 9-5 干预前后实验组和控制组外显性别偏见增值分数的比较（$M\pm SD$）

	△c		△d		t
	M	SD	M	SD	
IAT1	−4.603	278.604	69.706	352.017	−0.741
IAT2	−29.186	153.526	28.369	163.966	−1.106

由表 9-5 可知，实验组内隐性别偏见各项指标的增值分数与控制组相比差异均不显著，表明干预并未对实验组被试的内隐性别偏见程度产生显著影响。

3.3 干预后意向改变的评估

课堂讲授与团体辅导活动全部结束之后，请全体成员填写《意向改变评估调查问卷》。该调查问卷包括 3 个方面共 9 个问题，分别为认知改变意向、评价改变意向和行为改变意向。通过对数据进行频次统计，发现在认知改变意向方面，有 92.7% 的人平均得分在 3 分及以上；在评价改变意向方面，有95.1% 的人得分在 3 分及以上；在行为改变意向方面，有 70.8% 的人得分在 3 分及以上。具体见图 9-1、图 9-2 和图 9-3。

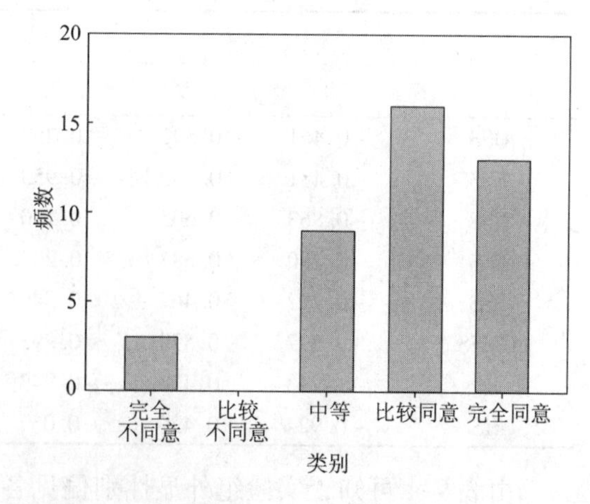

图 9-1 团体辅导后学生认知改变意向频次分布图

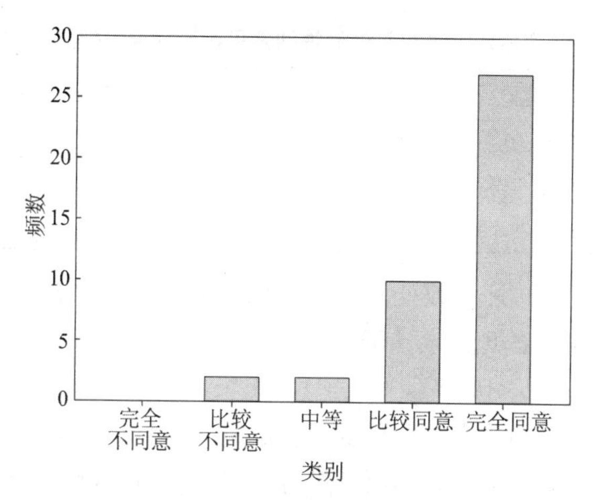

图 9-2　团体辅导后学生评价改变意向频次分布图

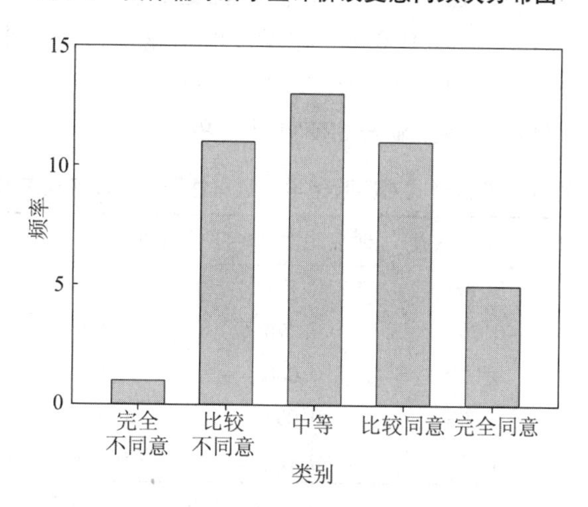

图 9-3　团体辅导后学生行为改变意向频次分布图

3.4　改变意向、动机形式对外显偏差态度的影响

由以上研究结果可知，干预后实验组学生的外显性别偏见程度显著降低。本研究将实验组学生外显性别偏见的后测成绩减去前测成绩所得的增值分数（Δa）作为外显性别偏见改变程度的指标。采用 Pearson 积差相关对实验组学生认知改变意向、评价改变意向、行为改变意向、无偏反应的内部动机（IMS-S）、外部动机（EMS-S）与干预后外显性别偏见改变程度之间的关系分别进行考察。其中Δa_1代表大学生现代性别偏差态度总体（GMSS）改变程度，Δa_2代表善意性别偏见改变程度，Δa_3代表敌意性别偏见改变程度。结果见表 9-6。

表 9-6　改变意向、动机与外显性别偏见改变程度的相关分析（r）

$\triangle a$	认知改变意向	评价改变意向	行为改变意向	IMS-S	EMS-S
$\triangle a_1$	0.044	0.229*	0.007	0.280*	0.004
$\triangle a_2$	0.072	0.077	0.148	0.106	0.114
$\triangle a_3$	0.179	0.341*	0.090	0.246*	0.034

由表 9-6 可知，评价改变意向、无偏反应的内部动机（IMS-S）与大学生现代性别偏差态度总体（GMSS）以及敌意性别偏见（HS）的减少程度呈显著正相关（$p<0.05$）。

为了检验不同的改变意向程度、动机形式与实验组学生外显性别偏见改变程度之间的确切关系，本研究进行了多元回归分析。结果变量全部进入回归模型，经检验，在因变量敌意性别偏见的改变程度上均差异显著（$R^2=0.289$，$F=2.933$，$p<0.05$）。在现代性别偏见和善意性别偏见改变程度上差异不显著（$R^2=0.150$，$F=1.269$，$p=0.298$；$R^2=0.071$，$F=0.552$，$p=0.735$）。差异显著的变量见表 9-7。

表 9-7　不同改变意向、动机形式对实验组学生敌意性别偏见改变程度的多元回归分析

自变量	非标准系数（B）	标准误差（$S_{\bar{x}}$）	标准系数（B'）	t
认知改变意向	-0.409	0.171	0.390	-2.390*
评价改变意向	-0.768	0.278	-0.504	-2.762**
行为改变意向	0.020	0.080	0.037	0.243
IMS-S	0.093	0.094	0.162	0.983
EMS-S	0.026	0.167	0.026	0.154

由表 9-7 可知，认知改变意向、评价改变意向对敌意性别偏见的增值分数有显著负向影响作用（前者 $p<0.05$；后者 $p<0.01$）。结果显示，认知改变意向与评价改变意向越强烈，就越有利于减少敌意性别偏见。

4　分析与讨论

4.1　教育干预对减少外显性别偏差态度效果显著

本研究发现，实验组学生在接受课堂讲授和团体辅导后，外显性别偏见程度明显减少。这说明课堂讲授加团体辅导的多元化训练模式对于减少大学生的外显性别偏见是有效的。这一结果与以往相关研究结果一致。Devine的实验室研究发现，意识到自身存在偏见并具备改变自身偏见的意识，对于减少偏见行为具有影响作用（Devine & Monteith，1999）。Rudman等人在减少种族偏见的干预研究中得到类似结论（Rudman, et al. ,2001）。研究者采用沙龙课形式让实验组大学生了解种族偏见的状况，并对种族偏见的形成原因、表现形式、危害等进行讨论。结果发现，实验组学生外显种族偏见程度比干预前显著降低，而控制组学生的偏见程度则变化不显著。

但是也有不一致的结论。以往有研究者采用实验法考察不同材料对于减少被试外显与内隐偏见的效果（Curl，2002）。实验程序是先测量被试的内隐与外显偏见程度，然后发给他们有关种族融合的材料，完成后马上完成内隐与外显偏见的后测。结果发现实验组被试外显与内隐种族偏见程度都没有减轻。对于外显偏见程度没有改变的原因，作者Curl解释为，可能是被试看完实验材料后马上就进行了偏见程度测试，测试所发放的材料并未对被试的认知起到调节作用。另一个原因是，被试在做调查问卷之前就被告知实验目的，引发了被试掩饰自己真实态度的行为。还有一个原因是在进行后测实验时采用的是与前测相同的调查问卷，由于刚刚答过这份调查问卷，被试对于调查问卷相当熟悉，为了保持自己前后态度的一致性，被试完成后测调查问卷时就尽量与前测调查问卷的答案一致。当然，最重要的原因是被试仅仅从所发放的书面材料中了解了种族融合的重要性，而并未与目标群体进行有效的接触。本研究的干预实验中，不仅包括改变认知的课堂知识讲授，而且包括与外群体的有效接触，因此干预效果明显。

4.2 教育干预对减少内隐性别偏差态度作用不显著

本研究发现，在参与课堂讲授加团体辅导活动后，实验组学生的内隐性别偏见程度并未发生显著改变。本研究还发现，认知改变意向、评价改变意向与行为改变意向对于内隐性别偏见程度的改变也没有显著影响。这一结果说明，即使个体意识到自身存在对某一群体的偏见，并且有改变偏见的意识和愿望，也不一定能够改变自己无意识状态的、自动化的偏见态度。本研究结果支持内隐态度具有稳定、持久且不易改变的观点（Dovidio et al. , 1997；Fazio et al. , 1995）。某个群体对另一群体的内隐偏见是个体在社会化过程中未经直接传授，由社会文化长期浸染的结果（Devine, 1989），是社会集体无意识的体现，在社会群体中的个体很难在短时期内改变这种无意识观念。

4.3 认知、评价改变意向对减少外显性别偏差态度效果显著

本研究发现，认知改变意向和评价改变意向对于减少外显性别偏见具有显著预测作用。这一结果说明，如果个体意识到自身存在对女性的偏见，并产生打破偏见的意识和动机，对于减少外显偏见具有良好的促进作用。而本研究中设计的课堂讲授加团体辅导的干预方案，通过长期的训练，可以有效改变学生的认知和评价方式。通过课堂讲授的方式既向学生阐明当代女性在家庭、就业、教育、社会行为等领域分别面临的性别偏见状况，剖析了性别偏见产生的认知、动机和社会根源，阐明了性别偏见对于女性自尊、学业成绩、职业选择和社会成就所产生的威胁和消极后果，而且提出减少偏见的方法和策略，使实验组学生对性别偏见状况及其产生根源有了比较全面的了解，完善了他们与性别相关的知识图式。在团体辅导活动中，被试通过看录像、讨论、角色扮演、案例分析、合作式学习等方式，真正去体验性别偏见造成的伤害性后果，这有利于实验组学生形成性别平等的观念并产生对女性价值的正面评价和积极情感。

本研究结果表明，课堂讲授加团体辅导的多元化干预方式，通过让被试意识到自身存在偏见态度，可以增强打破偏见的意识和动机水平。被试通过与外群体成员共同完成某些任务、交朋友，可以增加对外群体成员的积极评价和正面态度。由此产生的认知与情感的变化会促进个体的偏见态度发生改变。这提示教育工作者，可以采取课堂讲授加团体辅导的多元化干预方式改变个体的刻板印象和偏见态度。

5 结论

本研究采用现场实验法，对实验组大学生进行了一学期的课堂讲授加团体辅导活动，以期望通过多元化的干预方式，减少大学生的外显与内隐性别偏见，并将结果与控制组进行了比较，结果表明：① 课堂讲授加团体辅导的教育干预方式对于减少大学生外显性别偏见作用显著，但是对于内隐性别偏见干预效果不显著。② 课堂讲授加团体辅导的多元化训练方式可以有效减少外显性别偏见程度，但对于减少内隐性别偏见作用不明显，进一步揭示了内隐态度具有稳定、持久和不易改变的特点。

第十章

综合讨论与结论

1 研究结果的综合讨论

为了解当代大学生性别偏见的表现行为、程度及影响因素，持有性别偏见可能引起的认知与行为倾向偏差，知觉到内群体受到偏见威胁可能导致的自尊与行为方面的消极后果，以及采用多元化训练方式对于减少性别偏见的效果，本研究对性别偏见内隐与外显双系统进行了解析，选取具有高生态效度的实验材料和研究场景，综合运用自我报告法、内隐测验法、情境实验法和教育干预现场实验法等方法对上述问题进行了考察。首先，在已有文献及质性分析的基础上自编大学生现代性别偏差态度调查问卷，并采用该调查问卷对当代大学生的外显性别偏见状况进行研究。为了揭示性别偏见内隐系统的特征，采用内隐联结测验（IAT）对大学生的内隐性别偏见状况进行考察，并分别分析比较了当代大学生外显与内隐双系统性别偏见程度的差异以及两者之间的联系，在此基础上构建了性别偏见外显与内隐的两维结构模型。接下来，采用调查问卷法考察了无偏反应动机对于外显和内隐性别偏见的影响，以此来探究意识层面的意志努力对于外显偏见和处于无意识状态的内隐偏见的影响作用。在充分证实性别偏见存在的基础上，针对性别偏见可能导致的消极后果，本研究采用两条主线，对两类对象即持偏者和受偏者分别展开研究，在研究过程中采用了情境实验法。最后，为了解性别偏见是否可以改变、在多大程度上改变以及在外显和内隐哪个系统上改变，本研究采用课堂讲授加团体辅导的多元化训练方式开展了一学期的现场教育实验，对大学生的性别偏见进行了干预研究。

1.1 当代大学生性别偏差态度的形式、程度及影响因素

1.1.1 当代大学生外显性别偏差态度特点

性别偏见是对女性预存的负性态度，具有多维度、多层次的特点，加

之现代社会性别偏见的表现形式变得更加微妙和隐蔽，因此，开发并采用信效度较高的测量工具才能比较全面地了解当代大学生的性别偏见状况。当前，在性别偏见的测量方面应用比较广泛的量表包括女性态度量表、性别角色平等态度量表、传统与现代性别偏见量表以及矛盾性别偏见量表等。这些量表或者只是测量单一维度，或者对男女两性的态度都涉及，或者编制年度较为久远，加之都是在西方文化背景下编制，因此不易直接用于对我国大学生的测量。针对这一问题，本研究在第一章内容中自编了大学生现代性别偏差态度调查问卷。通过查阅文献可知，当代西方社会偏见形式已经变得微妙且隐蔽（Aronson et al.，2012），因此，在调查问卷的名称“性别偏差态度”前加了“现代”二字，以示“非传统的公开敌对偏见”之意。调查问卷的编制过程如下：首先采用开放式调查问卷获得关于性别偏见的各种行为或特征表述，经过编码后进行项目汇总。依据性别偏见理论并参考以往调查问卷，形成调查问卷的基本维度，编制调查问卷的初步文本。征求专家的意见，并在大学生中进行初测。随后对调查问卷进行了两次修订。在此过程中，按照测量学的标准进行项目分析、探索性因素分析和验证性因素分析，检验调查问卷的质量，并最终确定调查问卷的结构。结果发现，所编制的大学生现代性别偏差态度调查问卷包括婚姻家庭性别偏差、父母角色性别偏差、职业性别偏差、社会行为性别偏差以及教育领域性别偏差5个维度，通过验证性因素分析证实了理论结构的合理性。抽取的因子数与理论构想的维度一致，证明了大学生现代性别偏差态度量表构成要素的合理性。经过信度检验，此调查问卷的内部一致性信度和重测信度较高。各维度之间中低度相关，而与总调查问卷中高度相关，表明调查问卷具有良好的区分度和结构效度。验证性因素分析的结果表明，该调查问卷的各项效度指标均符合心理测量学的标准；与效标问卷之间中高度相关，表明自编调查问卷具有良好的效标关联效度。可以作为评估当代大学生性别偏见的工具。

在自编调查问卷的基础上，本研究在第二章内容中采用敌意性别偏见量表、自编大学生现代性别偏差态度问卷和善意性别偏见量表，分三个层面考察了当代大学生的外显性别偏见状况，即公开敌对、隐蔽微妙及善意否定。结果发现，在三类外显性别偏见中，程度最高的是善意性别偏见。当代大学生对女性社会行为方面的偏见程度最高。其次是教育领域性别偏见。性别在现代性别偏见各维度上主效应显著，性别和年级在敌意性别偏见、现代性别偏见上主效应显著；通过对主效应显著变量的进一步检验发现，男生在大学生现代性别偏差态度调查问卷各维度得分都显著高于女生；男大学生的敌意性别偏见和现代性别偏见程度高于女生，而在善意性别偏见方面与女生不存在差异。研究所得结果表明，当代大学生对女性只是轻微持有公开敌对态度，这与西方学者研究的结果比较一致（Myers，2005）。在当今社会，由于社会进步、文明发展以及男女平等政策的实施，女性的社会地位得以提高。再加上学校教育中对男女平等观念的普及，使得大学生对于女性公开的敌对态度减少。而对于大学生善意性别偏见程度较严重，主要是由于善意性别偏见看似是对女性的积极态度，因此更加具有隐蔽性。善意性别偏见不像公开敌对偏见那样容易识别，对于大学生来说，他们可能并没有意识到对女性的这种善意的态度也是一种性别偏见。本研究发现，男大学生对女性的公开敌对程度高于女大学生对女性的公开敌对程度。这一结果一方面证明了内群体偏好理论，另一方面也反映出公开的敌意态度更容易被女性群体辨别。而男女大学生在善意性别偏见程度上没有差异，则说明了善意性别偏见的隐蔽性，不易被女性群体所识别。也可以用系统公平理论来解释这一结果，即一个社会中占主导地位群体的观念决定了附属群体的观念（Jost & Banaji，1994）。在社会中占主导地位的男性否定女性群体的价值，导致女性对自身的价值也不认同。

1.1.2　当代大学生内隐性别偏差态度的特点

本研究第四章内容采用IAT方法，用三个实验对当代大学的现代内隐性别偏见和内隐性别职业偏见状况进行了研究。结果发现，当代大学生对女性、女性从事管理类职业及男性从事服务类职业均存在内隐偏见。实验一的结果表明，当代大学生在无意识中对女性的价值评价更低，并且表现出更多的负面情感。“女性价值比男性低”作为社会集体无意识观念已深入大学生骨髓，并且根深蒂固。有研究者认为，在西方社会，近年来人们对于女性的态度要比男性更加积极正面（Swim，Aikin，Hall & Hunter，1995）。本研究结果与此不同，原因可能是在中国漫长的历史文化中女性一直处于劣势和从属地位，这种集体无意识在中国人的心中印刻更深。实验二与实验三的结果表明，在大学生的潜意识中认为女性不适合作为管理者，男性不适合做服务员。对于“女性不适合作为管理者”的内隐偏见程度比单独针对女性群体或“男性不适合做服务员”的偏见程度更深，这表明当代大学生传统性别角色刻板印象较深，对于违反传统性别角色的女性表现出强烈不认同。

本研究还发现，大学生内隐性别偏见存在性别差异。男大学生对男性评价积极，对女性评价消极；与此相反，女大学生对女性评价积极，对男性评价消极。即男大学生对女性存在内隐偏见，女大学生对男性存在内隐偏见。这一研究结果可以用社会同一性理论来解释，即对内群体偏好，对外群体贬损。女大学生对于女性从事管理类职业不存在内隐偏见，而对男性从事服务类职业却存在明显的内隐偏见。即女性可以接受女性变强成为一名管理者，但却从内心深处认同服务类职业应该由女性从事。表明当代女大学生在潜意识中依然认同传统性别角色规范。而男大学生不能接受女性从事管理类职业，但可以接受男性从事服务类职业。表明男性对女性进入传统男性职业领域存在排斥与反感心理，并且对自身比对于女性要宽容得多。

1.1.3　性别偏差态度的结构

对照同一批被试的外显测量与内隐测量结果，发现两者有不同之处。当代大学生的外显性别偏见不明显，并且不存在文科与理科之间、乡村与城市之间的差异。而内隐测量的结果却显示当代大学生普遍存在性别偏见，并且文科生比理科生偏见程度高，来自乡村的大学生比来自城市的大学生偏见程度高。造成差异的主要原因是测量方式的不同，内隐测验可以有效探测被试的真实想法。

通过分析，本研究发现三个内隐测量结果之间相关度较高，不同的外显测量结果之间也存在非常显著的正相关关系，表明内隐测量和外显测量各自具有良好的结构效度。而内隐与外显测量之间的低度相关水平则表明外显与内隐测量之间具有良好的区分度，预示两者可能是出自不同的心理结构。经过验证性因素分析发现，内隐与外显两维结构模型各项指标优于单维结构模型，验证了内隐性别偏见和外显性别偏见是不同的结构系统，两者相互独立。

1.1.4　无偏反应动机对于性别偏差态度的影响

影响内隐和外显偏差态度的因素也是本研究关注的重点，因为在社会文化日益呈现多元化的现代社会，表达偏见的方式与试图压抑偏见的动机之间所存在的复杂关系需要进一步澄清。这样才能了解处于意识层面的意志努力对于外显偏见和处于潜意识状态的内隐偏见所起的作用。

本研究第五章内容采用无偏反应动机量表、大学生现代性别偏差态度调查问卷、敌意性别偏见量表和善意性别偏见量表以及内隐联结测验，考察了大学生无偏反应的动机水平和来源。结果发现，大学生无偏反应的内部动机比外部动机强烈；女大学生无偏反应的内部动机比男生强烈。这表明女大学生对性别平等问题更敏感，诉求更强烈。

本研究还探析了偏见的表现方式与试图压抑偏见的动机之间的关系。经过相关分析发现，无偏反应的内、外部动机之间呈现低度相关；除善意性别偏见外，内部动机与外显和内隐性别偏见呈显著负相关关系。经过多元回归分析发现，无偏反应的内部动机对内隐和外显性别偏见均有显著负性影响。由以上结果推测，可以通过意识层面的意志活动，尤其是内部动机的增强，来改变无意识的、自动化的性别偏见反应。

1.2 偏差态度的形式、情境、动机对持偏者认知与行为倾向的影响

为了了解持有性别偏见可能导致的认知与行为方面的消极后果，本研究的第六章内容考察了偏见形式、情境、动机对持偏者认知与行为倾向的影响。性别偏见有外显和内隐，公开和微妙，敌意和善意等多种表现形式。一般认为态度和行为之间存在对应关系，因此，有必要了解不同形式的偏见态度对于偏见行为反应的影响。情境也是影响行为反应的一个重要变量，因此，研究设计中加入了竞争和非竞争的情境变量。鉴于以往研究发现，无偏反应内部动机强烈者对性别歧视行为持反对态度的结果（Klonis et al.，2005），本研究又加入了无偏反应的动机变量，考察内、外部动机对于偏见态度和行为倾向的影响。

研究结果发现，在加入情境变量后，被试对男女应聘者的认知和行为反应倾向间的差异更加显著。被试在竞争情境下对男性应聘者的评价显著高于在非竞争情境下对男性应聘者的评价，而对女应聘者的行为倾向更加消极。对于这一结果可以用现实群体冲突理论和替罪羊理论来解释。偏见是群体间资源竞争不可避免的后果，而且会累及无辜群体。研究还发现，男大学生在竞争情境下对男性应聘者评价和反应倾向得分显著高于在非竞争情境对男性应聘者评价和反应倾向。对这一结果可以用内群体偏好理论解释，在知觉到内群体受到竞争威胁时，更容易产生维护内群体价值的观念。

本研究通过相关分析发现，善意性别偏见与对女应聘者的评价之间呈现显著正相关。通过进一步的回归分析发现，善意性别偏见对因变量“对女应聘者评价”具有显著正向影响作用，表明越是对女性抱有善意的偏见态度就越有可能对女应聘者做出较高评价。这一结果表明，当代大学生对待女性管理者的态度并不是只是负性或敌对的态度，可能既包含了善意的态度，又包含了嫉妒而欣赏的成分。

本研究发现，对女性应聘者的内隐偏见程度是对女性积极行为的显著负性预测变量。结果表明，内隐态度是预期行为的显著变量。这一结果与以往相关研究一致（Dovidio et al.，1997；Fazio et al.，1995；McConnell & Leibold，2001）。内隐态度反映的是概念之间的自动化联系，比意识加工要迅速，这决定了其在个体行为中的重要作用。

根据上述结果，本研究构建出影响持偏者认知与行为反应的结构图，见图10-1。

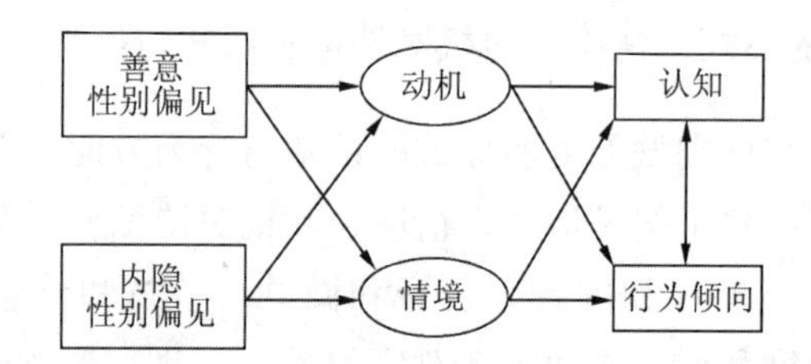

图10-1　偏见形式、情境及动机对持偏者认知与行为影响结构图

1.3　内群体偏见知觉对女大学生自尊与行为倾向的影响

偏见知觉，是指对某种知觉过程中偏见的知觉，所指向的知觉客体是偏见。知觉到自身遭受偏见通常会给个体带来痛苦、自尊水平下降等消极后果。本研究第一步采用性别偏见知觉调查问卷、自尊量表和中国大学生性别角色调查问卷分别对女大学生的性别偏见知觉程度、自尊水平和性别角色认同程度进行测量。第二步采用情境实验法，为被试（人力资源管理专业的女大学生）设计了一个应聘人力资源部门经理的情境，被试独立填写求职简历并提交给招聘主管。所有被试的求职结果均为失败，但她们会得到不同的反馈评语。将被试随机分成三组，分别接受不同的实验处理：消极反馈评语、无反馈评语和积极反馈评语。然后，被试填写情绪状态量表、态度与行为倾向量表、自尊量表和中国大学生性别角色调查问卷。

本研究结果发现，在采用问卷法时，内群体偏见知觉与自尊之间呈显著正相关关系，验证了自尊维护机制中的自我肯定效应。即当面临威胁情境时个体通常会通过重新肯定自己的价值来提升其自尊水平。本研究还发现，女大学生对性别偏见的知觉程度与队男性角色认同显著正相关。当个体面对消极反馈评语时，对男性角色认同度显著高于面对无反馈和积极反馈的状态。结果表明，当个体面临内群体偏见威胁时，会选择远离内群体，转而认同高地位群体以获得个体自尊。这一结果也反映出女大学生群体自尊较低的状况。本研究还发现了当面临内群体偏见威胁时，被试出现对“管理类专业的兴趣”下降的趋势，即选择逃离偏见领域。

根据上述结果，本研究构建出内群体偏见威胁结果结构图，见图10-2。

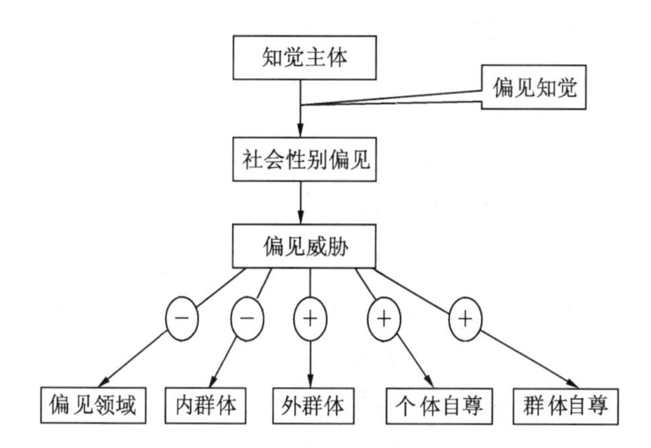

图10-2　内群体偏见威胁结果结构图（其中“+、−”代表正、负向影响）

1.4　教育干预对减少大学生性别偏差态度的效果

在证实大学生被试存在外显偏见和内隐偏见，持有性别偏见将导致认知与行为偏差，以及知觉到内群体遭受偏见将导致消极态度与行为倾向等结果的基础上，就涉及性别偏见的实践问题——如何减少性别偏见。本研究第八章内容考察了采用教育干预现场实验对于减少大学生性别偏见的效果。在实验组和控制组学生第一次上课时，就测量他们的内隐和外显性别偏见程度。之后对实验组大学生进行一学期的教育干预实验。干预形式为课堂教学加团体辅导。干预结束后再分别测量实验组和控制组学生的内隐与外显偏见程度。其中实验组学生还要填写《意向改变评估调查问卷》。

结果发现，实验组被试在接受课堂教学加团体辅导的多元化训练方式后，外显性别偏见程度显著减少。这说明课堂教学加团体辅导的多元化训练模式对于减少大学生的外显性别偏见作用显著。本研究发现，在参与课堂讲授与团体辅导活动后实验组学生的内隐性别偏程度并未发生显著改变。本研究还发现，认知、评价与行为改变意向对于内隐性别偏见程度的改变也没有显著影响。这一结果说明，即使个体意识到自身存在对某一群体的偏见，并且有改变偏见的意识和愿望，也不一定能够改变其无意识状态的、自动化的偏见态度。本研究结果支持内隐态度具有稳定、持久且不易改变的观点。认知和评价改变意向对于减少外显性别偏见具有显著预测作用。这一结果说明，如果个体意识到自身存在对女性的偏见，并产生打破偏见的意识和动机，对于其减少外显偏见具有良好的促进作用。

2 本研究创新之处

（1）本研究对大学生性别偏差态度内隐与外显双系统进行解析，比较全面地了解了当代大学生性别偏差态度状况。深入分析了内隐与外显性别偏差态度之间的关系，构建了性别偏差态度的结构模型，明晰了内隐与外显态度之间的关系。分析了动机与偏差态度之间的关系，揭示了意志努力对于内隐态度的作用。剖析了偏见态度、动机与情境对于偏见行为的影响作用，明晰了态度与行为之间的关系。不仅关注偏见持有者而且关注受偏者的心理过程，从持偏者和受偏者两条主线分析性别偏见可能导致的消极后果，丰富了性别偏见领域的研究成果。

（2）本研究综合采用调查问卷法、实验室实验、情境实验和现场实验等方法系统研究了性别偏差态度的表现形式、程度、影响因素、后果及干预策略，具有良好的生态效度。

（3）采用课堂讲授加团体辅导的多元训练方式，进行了一学期的干预训练，属于实践创新。为性别偏差态度干预提供了借鉴思路。

3 仍需要深入研究的问题及研究展望

（1）将根据有限被试得到的结果推广到社会其他群体身上，总是会冒结果被过度推广的风险。在本研究中，被试是受到良好教育、思维活跃、观念开放大学生，但他们大多没有职场经历，没有亲自体验过做父母的角色，尤其没有进入婚姻状态建立自己的家庭，因此对于男性或女性的态度可能会存在偏颇。今后研究应扩大被试范围及样本来源。

（2）对于性别偏见知觉与自尊的关系分析，本研究只涉及了外显自尊。今后研究中可以尝试加入内隐自尊变量，以明晰偏见态度与自尊之间的关系。

（3）随着认知神经科学的发展，今后研究中应考虑对态度神经机制的考察。

（4）在教育与团体辅导的多元化训练方式中，虽然发现实验组学生的外显性别偏见程度比干预前下降，但是未对干预效果的稳定性进行评估，即这种偏见态度的改变是暂时性的，还是具有一定的稳定性？后续研究可以进一步考察。另外，尽管在实验开始前，对实验组和控制组学生在性别偏见程度方面进行了同质性检验，结果未发现显著差异。但是，这两组大学生可能在人格、动机等方面存在差异，尤其是自愿选修《性别角色与人际交往》这门课的大学生作为实验组，他们可能在实验前就对性别、性别角色、性别偏见、性别平等等问题感兴趣，而且有一定的倾向性。这些被试方面的无关变量可能会影响实验结果。还有在课堂讲授加辅导活动的干预模式中，受制于选修课教学时间的限制，每周连排两节课，无法在不同被试组中单独实施课堂讲授或者辅导活动，因此本研究并未将课堂讲授和团体辅导活动分开来考察，导致一部分结果缺失。这是今后现场研究中需要改进的部分。

（5）今后在性别偏见研究中还应加入对于男性的态度，以适应性别角色主流化的趋势。

4　结论

根据对结果的分析和讨论，本研究得出如下结论：

（1）大学生现代性别偏差态度调查问卷包括婚姻家庭、父母角色、职业、社会行为以及教育领域5个维度，通过验证性因素分析证实了理论结构的合理性。大学生现代性别偏差态度调查问卷具有良好的信效度，可以作为评估性别偏差态度的有效工具。

（2）当代大学生外显性别偏差态度由公开敌对转化为隐蔽否定，善意性别偏见普遍存在。当代大学生对女性的社会行为方式和教育持有比较严重的偏差态度。男大学生比女大学生表现出更多公开敌对的性别偏差态度。

（3）当代大学生普遍存在内隐性别偏差。男、女大学生互相持有内隐偏差态度，揭示出在内隐性别偏见领域存在内外群体效应。内隐测验法比外显测量测得的偏差程度更高。内隐性别偏差态度与外显态度是相互分离的结构系统，两者相对独立。

（4）当代大学生无偏反应的内部动机强度高于外部动机；女大学的无偏反应内部动机高于男大学生。无偏反应的内部动机对外显和内隐偏差态度具有显著负向预测作用，无偏反应的内部动机越强烈，外显与内隐偏见程度就越低。这揭示出意志努力对于外显和内隐性别偏差态度均具有显著预测作用。

（5）情境是影响行为的重要变量，竞争情境下持偏者对女性的态度和行为倾向更加消极。善意性别偏差态度与对女性管理者的积极评价密切相关。内隐性别偏差态度是预期行为的显著变量。当今社会女性在职场中依然要面对玻璃天花板效应。

（6）内群体偏见知觉与个体自尊之间呈正相关关系，当个体面临内群体偏见威胁时往往会通过重新肯定自己的价值或对高地位群体的认同来重获自尊。当面临内群体偏见威胁时，个体的态度倾向更趋消极；而面对内群体价值提升的状况，个体的态度和行为倾向则变得积极。

（7）课堂讲授加团体辅导的多元化训练方式可以有效减少被试外显性别偏差程度，但对减少内隐态度的作用不显著，进一步揭示出内隐态度具有稳定、持久和不易改变的特点。

附　录

附录 1

大学生现代性别偏差态度调查问卷

仔细阅读以下陈述，并做出判断。请如实回答你的想法，并将数字写在题前横线上。请不要遗漏题目。

"1"代表非常不同意，"2"代表比较不同意，"3"代表介于同意与不同意之间，"4"代表比较同意，"5"代表非常同意。

________1. 妈妈比爸爸更适合给婴儿换尿布。
________2. 男生比女生更适合学习理科类专业。
________3. 在家庭中男主外、女主内比较合适。
________4. 招聘时用人单位"优先考虑男生"的要求是合理的。
________5. 在校外活动中陪伴孩子绝大多数应该是母亲的责任。
________6. 女强人往往难以兼顾家庭而做一个好妻子。
________7. 和男人相比，在公共场合女人更应该注意自己的行为举止。
________8. 女性不适合从事建筑类的职业。
________9. 男生比女生的学习潜力大。
________10. 女性更应该注重自己的着装。
________11. 在教育孩子方面母亲比父亲的责任更重。
________12. 对重大家庭事件，还是应该由丈夫主导决策。
________13. 女性比男性更适合从事服务类行业的工作。
________14. 孩子随父姓是天经地义的。
________15. 男性比女性更适合担任领导职务。
________16. 在家庭中，妻子做家务是比较合适的。
________17. 在招生中，有些专业不考虑女生是有其合理性的。
________18. 女人更应该注重自己的日常生活规律。
________19. 男性的薪酬高是他们应得的。
________20. 男性比女性更适合科研技术类工作。

________21. 在现实生活中，大多数夫妻还是希望生个男孩。

________22. 父亲比母亲拥有更大的权威来教养小孩。

________23. 与女孩相比，对于一个家庭来说支持男孩读大学更重要。

________24. 女性更适合学文科。

附录 2

性别角色平等态度量表缩略版（SRES-BB）

仔细阅读以下关于男女两性的陈述，并做出判断。请如实回答你的想法，并将答案写在题前横线上。请不要遗漏题目。

“1”代表非常不同意，“2”代表比较不同意，“3”代表介于同意与不同意之间，“4”代表比较同意，“5”代表非常同意。

________1. 同女生一样，男生也需要学习家庭理财类课程。

________2. 女性同男性一样有能力做出重大商业决定。

________3. 应该鼓励有条件的女生毕业后从事技术类工作。

________4. 丈夫和妻子都有责任清洗家中的碗碟。

________5. 妈妈比爸爸更适合照顾婴儿。

________6. 在家庭教育中，父亲比母亲更有权威。

________7. 妈妈比爸爸更适合为孩子的生日聚会做准备工作。

________8. 照顾夜间醒来的幼儿应该是妈妈的责任。

________9. 男女应该得到同等的职业训练机会。

________10. 与男性相比，女性醉酒更有损其自我形象。

________11. 在筹备家庭聚会时，妻子比丈夫更清楚应该邀请哪些客人参加。

________12. 女性不应该进入传统的男性职业领域。

________13. 在职业培训中，应该让男性员工参加那些昂贵的培训项目，而不是女性员工。

________14. 男性应该是一家之主。

________15. 男性不应该进入传统的女性职业领域。

________16. 在面对职业选择时，妻子最好让丈夫替自己做出决定。

________17. 约会时，女性最好不要表现得比男性聪明。

________18. 女人比男人更爱对他人说长道短。

________19. 丈夫不应该管家中闲事。

________20. 妈妈比爸爸更适合给婴儿换尿布。
________21. 与女性相比，男性的人际关系网络更牢固。
________22. 与男性一样，女性也有能力管理好一家公司。
________23. 当接到聚会邀请函时，应该由妻子而不是丈夫决定是否参加。
________24. 发放助学贷款时，应该平等对待男女大学生。
________25. 在职业培训中男女应该被平等对待。

附录 3

现代性别偏见量表（MSS）

仔细阅读以下关于男女两性的陈述，并做出判断。请如实回答你的想法，并将答案写在题前横线上。请不要遗漏题目。

“1”代表非常不同意，“2”代表比较不同意，“3”代表介于同意与不同意之间，“4”代表比较同意，“5”代表非常同意。

________1. 在当今中国社会基本不存在性别歧视现象。

________2. 女性很少因为性别歧视而找不到工作。

________3. 在媒体中很少看到对女性的偏见或歧视。

________4. 在现代社会中，人们能够做到平等对待男女两性。

________5. 在现代社会中，女性拥有和男性相同的成功机会。

________6. 很难理解女性为何总是抱怨受到不公正待遇。

________7. 很难理解女性为何还在关注社会为其提供的机会问题。

________8. 在过去的几年中，政府和社会已经充分考虑了女性的实际需要。

附录 4

敌意性别偏见量表（HS）

仔细阅读以下关于男女两性的陈述，并做出判断。请如实回答你的想法，并将答案写在题前横线上。请不要遗漏题目。

“1”代表非常不同意，“2”代表比较不同意，“3”代表介于同意与不同意之间，“4”代表比较同意，“5”代表非常同意。

________1. 许多女人实际上在寻求一些特权，例如以要求“平等”的幌子希望在就业政策上得到优惠。

________2. 大多数女人总认为自己很无辜或受到性别歧视。

________3. 女人很容易就被得罪。

________4. 大多数女人不懂得感激男人为她们所做的一切。

________5. 女人试图通过控制男人来赢得权力。

________6. 女人往往夸大她们在工作上遇到的问题。

________7. 女人一旦得到男人对她的承诺，就希望把他牢牢圈住。

________8. 女人在与男人的公平竞争中失利时，她们总抱怨自己受到了性别歧视。

附录 5

善意性别偏见量表（BS）

仔细阅读以下关于男女两性的陈述，并做出判断。请如实回答你的想法，并将答案写在题前横线上。请不要遗漏题目。

“1”代表非常不同意，“2”代表比较不同意，“3”代表介于同意与不同意之间，“4”代表比较同意，“5”代表非常同意。

________1. 一个男人不管有多成功，如果没有获得一个女人的爱，他仍然是不完整的。

________2. 很多女人拥有男人缺乏的纯洁品质。

________3. 女人应该受到男人的宠爱和保护。

________4. 每个男人都应该有一个他爱慕的女人。

________5. 好女人应该被她的男人所宠爱。

________6. 女人比男人往往有更高的道德感。

________7. 男人应该甘愿牺牲自己而为女人提供经济保证。

________8. 女人比男人往往有更高的文化领悟力和更好的品位。

附录 6

内隐联结测验概念词与属性词

实验 1　控制实验——IAT1

概念词：

男性词：

张伟、李强、王磊、刘德海、孙涛、王超、许家豪、何志伟

女性词：

王芳、李娜、张丽、梁淑娟、罗婷婷、郭雅雯、何佳蓉、李雅玲

属性词：

积极属性词：

从容的，合理的，美好的，优异的，成功的，有价值的，主导的，有前途的

消极属性词：

紧张的，别扭的，悲观的，平庸的、失败的，无能的，辅助的，无前途的

实验 2　男性职业实验——IAT2

男经理—女经理

概念词：

男法官—女法官

男行长—女行长

校长先生—校长女士

市长先生—市长女士

男销售主管—女销售主管

男院长—女院长

男工程师—女工程师

属性词：

积极属性词：

从容的，合理的，美好的，优异的、成功的，有价值的，主导的，有前途的

消极属性词：

紧张的，别扭的，悲观的，平庸的、失败的，无能的，辅助的，无前途的

实验 3　女性职业实验——IAT3

护士先生—护士小姐

保洁员大叔—保洁员阿姨

男秘书—女秘书

营业员先生—营业员小姐

男打字员—女打字员

空少—空姐

男出纳—女出纳

男幼儿教师—女幼儿教师

属性词：

积极属性词：

从容的，合理的，美好的，优异的、成功的，有价值的，主导的，有前途的

消极属性词：

紧张的，别扭的，悲观的，平庸的、失败的，无能的，辅助的，无前途的

附录 7

无偏反应动机量表（Motivation to Respond without Sexism，简称为 MS）

仔细阅读以下关于男女两性的陈述，并做出判断。请如实回答你的想法，并将答案写在题前横线上。请不要遗漏题目。

“1”代表非常不同意，“2”代表比较不同意，“3”代表介于同意与不同意之间，“4”代表比较同意，“5”代表非常同意。

________1. 支持女性享有平等权益，这对我个人来说很重要。

________2. 我个人认为妇女可以进入以男性为主导的行业。

________3. 我个人认为妇女应该享有和男人一样的性自由。

________4. 我认为女人和男人在高层次领域可以做得同样好，让别人知道这一点，对我来说很重要。

________5. 根据我的个人标准，女人应该和男人具有一样的机会成为领导者。

________6. 在当前的社会舆论下，我认为自己应该支持女性权益。

________7. 如果我不能平等对待男女，其他人会对我失望。

________8. 我公开支持女人进入男人主导的职业领域，因为我害怕别人会对我不满。

________9. 因为社会压力，我不会宣称妇女的传统角色更适合她们。

________10. 担心别人认为我是性别歧视，所以我不会讲“漂亮女孩无头脑”之类的笑话。

附录 8

竞争情境实验材料

某金融公司急需招聘一名投资/基金项目经理，假设你是人力资源部门的招聘主管，请仔细阅读以下两份简历，并给出你的选择。

张海涛的个人简历

应聘岗位：投资/基金项目经理

姓名：张海涛

三年以上工作经验 | 男 | 27 岁

联系电话：139 ×××××××× （手机）

E-mail：zhanghaitao@126．com

最高学历：

学历：硕士　　专业：投资学　　学校：××大学经济学院

自我评价：

本人性格沉稳、冷静、有判断力，勤奋诚实，善于沟通，有较强的组织能力；有较强的责任心、执行力与学习能力；大度、勇敢，善于接受新事物。

工作经验

2010 年 7 月至今：××投资有限公司

工作职责：① 为客户提供投资咨询建议；② 负责营业部营销策略的宣传与推广；③ 拓展客户网络，推广网上交易与银证通；④ 核心客户维护与管理，处理投诉，咨询与建议，资金交易数据分析统计。

2007 年 8 月—2010 年 6 月：××金融证券有限公司

工作职责：

联合银行对提出贷款申请的企业进行尽职调查，为同时通过双方审查的企业向银行贷款提供担保：① 分析企业所处行业的市场容量及发展前景，了解业内主要竞争者和市场结构；② 分析企业主营业务、主要产品及技术研发能力，了解企业经营模式和主要收入及利润来源；

教育经历：

2004 年 9 月—2007 年 6 月 × × 大学经济学院投资学硕士

2000 年 9 月—2004 年 7 月 × × 大学经济学院投资学本科

英语与计算机能力：英语—熟练；计算机能力—熟练

沈淑婷的个人简历

应聘岗位：投资/基金项目经理

姓名：沈淑婷

三年以上工作经验 | 女 | 27 岁

联系电话：139 ×××××××× （手机）；

E-mail：shenshuting@126.com

最高学历：

学历：硕士　　　专业：投资学　　　学校：× × 大学经济学院

自我评价：

本人性格温和、善解人意、勤奋诚实；能体谅人，有亲和力，善于倾听与沟通；有较强的责任心、做事细致，乐于学习。

工作经验：

2010 年 5 月—至今：× × 投资有限公司

工作职责：① 为客户制订资产配置方案并向客户提供理财建议；② 组织市场推广活动，负责理财活动的策划、实施与效果评估；③ 组建业务团队，负责团队培训与考核；④ 中高端客户服务。

2007 年 8 月—2010 年 4 月：×× 金融证券有限公司

工作职责：① 分析企业偿债能力、盈利能力以及成长性，预测企业未来现金流量，确定反担保物价值等；② 撰写贷款担保审查报告，最终提交公司担保评审委员会审议。

英语与计算机能力：英语—熟练；计算机能力—熟练

请您按照自己的看法，在相应的数字上画○。

1. 应聘者张海涛对该岗位的适合度：

1——2——3 ——4——5——6——7

非常不适合　　　说不清　　　非常适合

2. 应聘者张海涛被选为投资/基金项目经理的可能性：

1—— 2——3——4—— 5——6——7

完全没可能　　　　说不清　　　　非常有可能

3. 如果你有 10 万元现金用于投资，你愿意投资在他的项目中的现金数量：

1——2——3——4——5

0 元　小半　一半　大半　全部

4. 应聘者沈淑婷对该岗位的适合度：

1——2——3——4——5——6——7

非常不适合　　　　说不清　　　　　　非常适合

5. 应聘者沈淑婷被选为投资/基金项目经理的可能性：

1—— 2—— 3 —— 4——5——6——7

完全没可能　　说不清　　　　非常有可能

6. 如果你有 10 万元现金用于投资，你愿意投资在她的项目中的现金数量：

1——2——3——4——5

0 元　小半　一半　大半　全部

附录 9

性别偏见知觉调查问卷

请您按照自己的看法，在相应的数字上画“○”。

“1”代表几乎没有；“2”代表有一些；“3”代表中等程度；“4”代表比较严重；“5”代表非常严重。

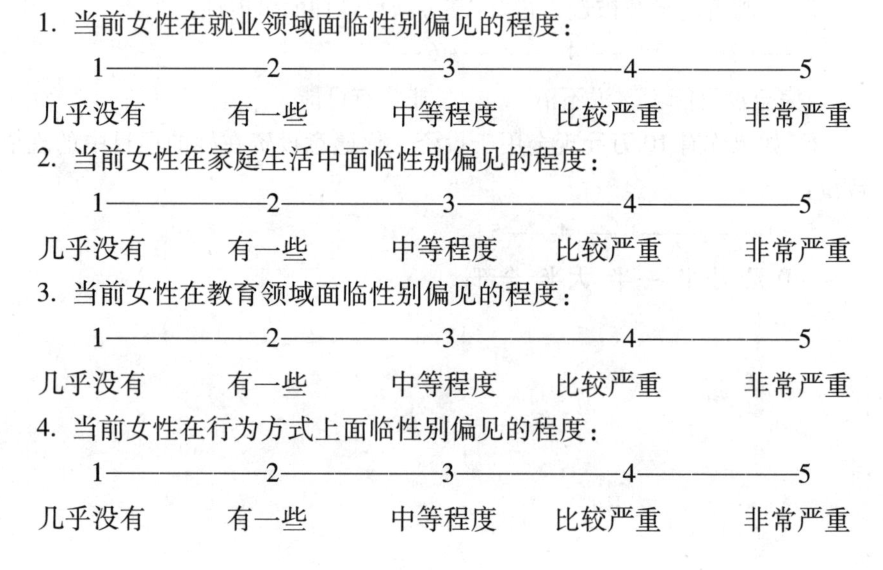

1. 当前女性在就业领域面临性别偏见的程度：

1————2————3————4————5

几乎没有　有一些　中等程度　比较严重　非常严重

2. 当前女性在家庭生活中面临性别偏见的程度：

1————2————3————4————5

几乎没有　有一些　中等程度　比较严重　非常严重

3. 当前女性在教育领域面临性别偏见的程度：

1————2————3————4————5

几乎没有　有一些　中等程度　比较严重　非常严重

4. 当前女性在行为方式上面临性别偏见的程度：

1————2————3————4————5

几乎没有　有一些　中等程度　比较严重　非常严重

附录 10

自尊量表 SES

仔细阅读以下关于男女两性的陈述，并给出判断。请如实回答你的想法，并将答案写在题前横线上。请不要遗漏题目。

“1”代表非常不同意，“2”代表比较不同意，“3”代表介于同意与不同意之间，“4”代表比较同意，“5”代表非常同意。

________ 1. 我感到我是一个有价值的人，至少与其他人处在同一水平上。

________ 2. 我时常认为自己一无是处。

________ 3. 归根结底，我觉得自己是个失败者。

________ 4. 我能像大多数人一样把事情做好。

________ 5. 我感到自己值得自豪的地方不多。

________ 6. 我对自己持肯定态度。

________ 7. 总的来说，我对自己是满意的。

________ 8. 我希望能为自己赢得更多尊重。

________ 9. 我时常感到自己毫无用处。

________ 10. 我感到我有许多好的品质。

附录 11

中国大学生性别角色调查问卷

亲爱的同学：您好！

非常欢迎您参加此次调查！请您就下列形容词给自己打分。如果您觉得“项目”这一列中的形容词描述完全符合您的情况，就打 7 分；完全不符合，就打 1 分；如果有点相符但又不完全符合，请按符合的程度酌情在 2—6 分之间给分。您的选择没有正确或错误之分，只是请在最符合您实际情况的数字上打“✓”。

您的性别________学校_______________专业_______________

年级________民族________是否是独生子女________

来自城镇还是乡村________是否是学生干部_______________

父母教养方式___________（在专制型、民主型、溺爱型和忽视型中任选一项填写）

编号	项目	完全不符合						完全符合
1	正直的	1	2	3	4	5	6	7
2	有亲和力的	1	2	3	4	5	6	7
3	乐于冒险的	1	2	3	4	5	6	7
4	节俭的	1	2	3	4	5	6	7
5	懈怠的	1	2	3	4	5	6	7
6	有领导风范的	1	2	3	4	5	6	7
7	活泼的	1	2	3	4	5	6	7
8	大度的	1	2	3	4	5	6	7
9	文静的	1	2	3	4	5	6	7
10	认真的	1	2	3	4	5	6	7

续表

编号	项目	完全不符合						完全符合
11	真诚的	1	2	3	4	5	6	7
12	善良的	1	2	3	4	5	6	7
13	自以为是的	1	2	3	4	5	6	7
14	冷静的	1	2	3	4	5	6	7
15	孝顺的	1	2	3	4	5	6	7
16	谦虚的	1	2	3	4	5	6	7
17	善于倾听的	1	2	3	4	5	6	7
18	沉稳的	1	2	3	4	5	6	7
19	心细的	1	2	3	4	5	6	7
20	得过且过的	1	2	3	4	5	6	7
21	乐群的	1	2	3	4	5	6	7
22	能体谅人的	1	2	3	4	5	6	7
23	正义的	1	2	3	4	5	6	7
24	语调柔和的	1	2	3	4	5	6	7
25	愉快的	1	2	3	4	5	6	7
26	有判断力的	1	2	3	4	5	6	7
27	傲慢的	1	2	3	4	5	6	7
28	心胸开阔的	1	2	3	4	5	6	7
29	伶俐的	1	2	3	4	5	6	7
30	推诿责任的	1	2	3	4	5	6	7
31	理性的	1	2	3	4	5	6	7
32	勤俭的	1	2	3	4	5	6	7
33	果断的	1	2	3	4	5	6	7
34	富有同情心的	1	2	3	4	5	6	7
35	消极的	1	2	3	4	5	6	7
36	男子气的	1	2	3	4	5	6	7

续表

编号	项目	完全不符合						完全符合
37	有爱心的	1	2	3	4	5	6	7
38	慷慨的	1	2	3	4	5	6	7
39	有组织能力的	1	2	3	4	5	6	7
40	坦诚的	1	2	3	4	5	6	7
41	通情达理的	1	2	3	4	5	6	7
42	乐于安慰人的	1	2	3	4	5	6	7
43	见钱眼开的	1	2	3	4	5	6	7
44	胆大的	1	2	3	4	5	6	7
45	不卑不亢的	1	2	3	4	5	6	7
46	豪放的	1	2	3	4	5	6	7
47	乐于助人的	1	2	3	4	5	6	7
48	女子气的	1	2	3	4	5	6	7
49	文雅的	1	2	3	4	5	6	7
50	投其所好的	1	2	3	4	5	6	7
51	有领导能力的	1	2	3	4	5	6	7
52	温柔的	1	2	3	4	5	6	7
53	勇敢的	1	2	3	4	5	6	7
54	墨守成规的	1	2	3	4	5	6	7
55	诚实的	1	2	3	4	5	6	7
56	有支配力的	1	2	3	4	5	6	7
57	温顺的	1	2	3	4	5	6	7
58	不合群的	1	2	3	4	5	6	7
59	善解人意的	1	2	3	4	5	6	7
60	有雄心的	1	2	3	4	5	6	7

请您检查一下您的选项是否有遗漏，谢谢！

附录 12

情绪状态调查问卷

请评定您当前的情绪状态，在相应的数字上画“○”。

“1”代表完全不符合，“2”代表比较不符合，“3”代表中等，“4”代表比较符合，“5”代表非常符合。

1. 愤怒　1——2——3——4——5
2. 平静　1——2——3——4——5
3. 紧张　1——2——3——4——5
4. 高兴　1——2——3——4——5
5. 焦虑　1——2——3——4——5
6. 伤心　1——2——3——4——5

附录 13

态度与行为倾向调查问卷

请评定你对管理类职业的喜欢程度，在相应的数字上画“○”。

“1”代表完全不喜欢，“2”代表比较不喜欢，“3”代表中等，“4”代表比较喜欢，“5”代表非常喜欢。

1——2——3——4——5

请评定以下句子描述的情况与你的符合状况，在相应的数字上画“○”。

“1”代表完全不符合；“2”代表比较不符合；“3”代表中等；“4”代表比较符合；“5”代表非常符合。

我今后打算从事管理类职业。

1——2——3——4——5

附录 14

个人简历

应聘职位：人力资源部门经理

<table>
<tr><td>姓名</td><td></td><td>性别</td><td></td><td>出生年月</td><td></td><td>民族</td><td></td></tr>
<tr><td>籍贯</td><td></td><td>政治面貌</td><td></td><td>健康状况</td><td colspan="3"></td></tr>
<tr><td>学历</td><td></td><td rowspan="2">毕业于何时、何校、何专业</td><td rowspan="2" colspan="5"></td></tr>
<tr><td>学位</td><td></td></tr>
<tr><td>实践经历</td><td colspan="7"></td></tr>
<tr><td>获得荣誉</td><td colspan="7"></td></tr>
<tr><td>自我评价</td><td colspan="7"></td></tr>
</table>

附录 15

招聘过程实验程序(消极反馈组)

```
<caption title1 >
/caption ="个人简历"
/fontstyle = ("黑体",3% ,false,false,false,false,5,134)
/position = (40% ,3% )
</caption >
<caption title2 >
/caption ="应聘岗位:部门经理"
/font style = ("宋体", -16,true,false,false,false,5,134)
</caption >
<textbox id >
/caption ="学号"
/mask = integer
/textboxsize = (120px,20px)
/orientation = horizontal
</textbox >
<radiobuttons gender >
/caption ="性别"
/options = ("男","女")
/orientation = horizontal
</radiobuttons >
<textbox birthday >
/caption ="出生年月:(格式为:月/日/年,例如05/06/1973)"
/mask = date
/textboxsize = (100px,20px)
/orientation = horizontal
```

```
 </textbox >
 < textbox nation >
/caption ="民族:"
/textboxsize = (100px,20px)
/orientation = horizontal
 </textbox >
 < textbox nativeplace >
/caption ="籍贯:"
/textboxsize = (100px,20px)
/orientation = horizontal
 </textbox >
 < radiobuttons politicsstatus >
/caption ="政治面貌:"
/options = ("党员","非党员")
/orientation = horizontal
 </radiobuttons >
 < textbox healthstatus >
/caption ="健康状况:"
/textboxsize = (100px,20px)
/orientation = horizontal
 </textbox >
 < dropdown educlevel >
/caption ="学历"
/options = ("初中","中专","技校","高中","职高","大专","本科及
          以上")
 </dropdown >
 < radiobuttons degree >
/caption ="学位:"
/options = ("专科","本科","硕士","博士")
/orientation = horizontal
/position = (50% ,10% )
 </radiobuttons >
 < textbox school >
```

```
/caption = "何时何校何专业毕业"
/position = (50% ,20% );
/textboxsize = (200px,20px)
/orientation = horizontal
</textbox>
<textbox practice>
/caption = "实践经历"
/position = (50% ,25% );
/textboxsize = (400px,120px)
/multiline = true
</textbox>
<textbox attainment>
/caption = "获得荣誉"
/position = (50% ,45% );
/textboxsize = (400px,80px)
/multiline = true
</textbox>

<textbox selfeval>
/caption = "自我评价"
/position = (50% ,60% );
/textboxsize = (400px,120px)
/multiline = true
</textbox>
<caption linkinfo>
/caption = ("正与招聘部门建立网络连接，招聘主管正在评阅你
        的信息，请稍候……

请不要做任何操作，耐心等待招聘结果反馈")
/position = (20% ,50% )
</caption>
<caption result>
/caption = ("人力资源部招聘主管:张锦江,男,32 岁。他的反馈
```

```
结果：
我认为女性不太适合担任领导职务。相关研究认为，由于女性的仁慈与善良，使得她们在处理问题时经常会感情用事，缺乏理性，以至于不能严格按照公司的规章行事。尤其是，当需要做出重大决策时，公司会因为女性领导的优柔寡断而失去发展机会。因此，我们在招聘时会优先考虑男性应聘者。")
/position = (20% ,20% )

/fontstyle = ("宋体", -24,false,false,false,false,5,134)
</caption>
<caption result1>
/caption = ("你未被录用")
/position = (20% ,20% )

/fontstyle = ("宋体", -24,false,false,false,false,5,134)
</caption>
```

定义页面(SurveyPage)

```
<surveypage result>
/questions = [1 = result1]
/nextlabel ="你的招聘结束,请点击'退出'"
/showbackbutton = false
</surveypage>
<surveypage personalinformation>
/questions = [1 = title1; 2 = title2; 3 = id; 4 = gender; 5 = birthday; 6 =
        nation; 7 = nativeplace; 8 = politicsstatus; 9 = healthstatus;
        10 = educlevel; 11 = degree; 12 = school; 13 = practice; 14 =
        attainment; 15 = selfeval]
/nextlabel ="填完即可提交个人简历"
</surveypage>
<surveypage context>
```

```
/questions = [1 = linkinfo]
/timeout = 1000 * 60 * 3
/nextlabel = " 请耐心等待,正在评阅中"
/inputdevice = keyboard
/nextkey = ("f")
/showbackbutton = false
</surveypage>
<surveypage end>
/questions = [1 = result]
/finishlabel ="你的招聘结束,请点击退出"
/showbackbutton = false
</surveypage>
```

定义调查(Survey)

```
<survey lifestate>
/pages = [1 = personalinformation; 2 = context; 3 = result]
</survey>
**************************************
```

附录 16

性别偏见意向改变调查问卷

请判断以下描述是否符合您的情况，并依照自己的看法，将数字写在题前的横线上。

“1”代表非常不符合，“2”代表比较不符合，“3”代表中等，“4”代表比较符合，“5”代表非常符合。

________1. 通过团体辅导活动，使我认识到女性在许多领域面临偏见。

________2. 通过团体辅导活动，使我认识到减少性别偏见是困难的。

________3. 通过团体辅导活动，使我认识到实现性别平等的重要性。

________4. 通过团体辅导活动，我觉得自己有收获。

________5. 我觉得团体辅导活动很有趣。

________6. 我觉得团体辅导活动内容很丰富。

________7. 通过团体辅导活动，我对于异性有了更多的了解。

________8. 通过团体辅导活动，我认识了更多的异性朋友。

________9. 如果有机会我希望结识更多的异性朋友。

参考文献

[1] 鲍谧清,宋春蕾,贾凤芹. 班级工作与心理辅导[M]. 北京: 化学工业出版社,2011.

[2] 蔡学青. 女大学生矛盾性别偏见与成就动机关系实证研究[D]. 武汉: 华中科技大学硕士学位论文, 2009.

[3] 陈应心. 基于社会性别理论的中小学教科书性别偏见问题研究[D]. 济南:山东师范大学硕士学位论文, 2009.

[4] 崔丽娟,张高产. 内隐联结测验(IAT)研究回顾与展望[J]. 心理科学, 2004,27(1).

[5] 樊朝晖. 论大学生团体辅导的实际运用[J]. 芜湖职业技术学院学报, 2006 (3).

[6] 冯成志. 心理学实验软件[M]. 北京: 北京大学出版社,2009.

[7] 高丽娟. 内隐性别刻板印象及其稳定性的实验研究[D]. 济南:山东师范大学硕士学位论文,2003.

[8] 高明华. 偏见的生成与消解:评奥尔波特《偏见的本质》[J]. 社会, 2015,35(1).

[9] 郭爱妹,张雷. 西方性别角色态度研究述评[J]. 山东师大学报(社会科学版),2000 (5).

[10] 何方玲. 矛盾性别偏见与大学生婚恋价值观的关系研究. [D] 武汉: 华中科技大学硕士学位论文,2009.

[11] 贾凤芹,冯成志. 内隐联想测验"内隐性"的可控性研究[J]. 心理科学,2012,35(4).

[12] 蒋永萍,姜秀花. 中国性别平等与妇女发展评估报告(1995—2005)[J]. 妇女研究论丛,2006(2).

[13] 林崇德. 发展心理学[M]. 北京: 人民教育出版社,1995.

[14] 刘电芝,黄会欣,贾凤芹. 新编大学生性别角色量表揭示性别角色变迁[J]. 心理学报,2011,43(6).

[15] 刘衍玲. 中小学教师情绪工作的探索性研究[D] 重庆:西南大学博士学位论文,2007.

[16] 刘艺. 中国女性性别角色文化对女性心理的影响[J]. 科技信息,2008(31).
[17] 马芳,梁宁建. 数学性别刻板印象的内隐联想测验研究[J]. 心理科学,2008,31(1).
[18] 阮小林,张庆林,杜秀敏. 刻板印象威胁效应回归和展望[J]. 心理科学进展,2009,17(4).
[19] 邵志芳,高旭辰. 社会认知[M]. 上海:上海人民出版社,2009.
[20] 唐文文,盖笑松,赵莹. 儿童青少年的性别平等意识现状调查[J]. 内蒙古师范大学学报(哲学社会科学版),2011 (2).
[21] 汪向东. 心理卫生评定量表手册[M]. 北京:中国心理卫生杂志社,1999.
[22] 王沛. 刻板印象的激活效应:行为和 ERPs 证据[J]. 心理学报,2010(5).
[23] 吴谅谅,冯颖,范巍. 职业女性工作家庭冲突的压力源研究[J]. 应用心理学,2003,9(1).
[24] 熊会,仝雪. 理工科教育中的性别偏见问题[J]. 成都大学学报(社会科学版),2006(1).
[25] 杨福义. 内隐自尊的理论与实验研究[D]. 上海:华东师范大学博士学位论文,2006.
[26] 杨娟,张庆林. 不同自尊者在赌博情境下的风险规避行为[J]. 心理发展与教育,2009 (1).
[27] 杨治良,邹庆宇. 内隐地域刻板印象的 IAT 和 SEB 比较研究[J]. 心理科学,2007,30(6).
[28] 于泳红. 大学生内隐职业偏见和内隐职业性别刻板印象研究[J]. 心理科学,2003,26(4).
[29] 袁艳萍,田丽丽,谈继红,马孟阳,汤达华. 职业女性工作——家庭冲突与自杀意念:伴侣支持的调节作用[J]. 中国心理卫生杂志,2012,26(12).
[30] 云祥,李小平,杨建伟. 暴力犯内隐攻击性研究[J]. 心理学探新,2009,29(2).
[31] 张雷,郭爱妹,侯杰泰. 中美大学生性别角色平等态度比较研究[J]. 心理科学,2002,25(2).
[32] 张玮,佐斌. "旁观者清"还是"旁观者不清"——偏向知觉的非对称性

研究[J]．心理科学进展,2007,15(4).

[33] 张文新.初中生自我特点的初步研究[J]．心理科学,1997,20(6).

[34] 郑全全,耿晓伟.自我概念对主观幸福感预测的内隐社会认知研究[J].心理科学,2006,29(3).

[35] 朱美荣."玻璃天花板"之谜[J]．国外社会科学文摘,2005(12).

[36] 朱晓菲.内群体消极刻板印象对状态自尊的影响[D].重庆:西南大学硕士学位论文,2012.

[37] 佐斌,刘晅.基于IAT和SEB的内隐性别刻板印象研究[J]．心理发展与教育,2006 (4).

[38] Aberson, C. L., M. Healy & V. Romero (2000). Ingroup bias and self-esteem: A meta-analysis. *Personality and Social Psychology Review*, 4, 157 - 173.

[39] Allport, G. W. (1954). *The Nature of Prejudice*. Oxford: Addison-Wesley.

[40] Aronson, E. D., T. Wilson & M. Akert (Eds.). (2012). *Social Psychology*. 北京：世界图书出版社.

[41] Ashmore, R. D., F. K. Delboca & S. M. Bilder (1995). Construction and validation of the Gender Attitude Inventory, a structured inventory to assess multiple dimensions of gender attitudes. *Sex Roles*, 32, 754 - 785.

[42] Baggenstos. (2001). Affective and congnitive components of racial attitudes: The relationship between directive and indirective measures. Western Washington University.

[43] Banaji, M. R. & A. G. Greenwald (1995). Implicit gender stereotyping in judgments of fame. *Journal of Personality and Social Psychology*, 68 (2), 181 - 198.

[44] Banse, R., J. Seise & N. Zerbes (2001). Implicit attitudes towards homosexuality: Reliability, validity, and controllability of the IAT. *Experimentelle Psychologie*, 48(2), 145 - 160.

[45] Bargh, J. A. (1989). Conditional automaticity: Varieties of automatic influence in social perception and cognition. *Unintended Thought*, 3, 51 - 69.

[46] Baron, R. A., N. R. Branscombe & D. R. Byrne (Eds.) (2008). *Social Psychology*. New York: Pearson Education, Inc.

[47] Barreto, M. & N. Ellemers (2005). The perils of political correctness: Men's and women's responses to old-fashioned and modern sexist views. *Social Psychology Quarterly*, 68, 75 –88.

[48] Beere, C. A., D. W. King, D. B. Beere & L. A. King (1984). The Sex-Role Egalitarianism Scale: A measure of attitudes toward equality between the sexes. *Sex Roles*, 10, 564 –576.

[49] Benokraitis, N. V. & J. R. Feagin (Eds.). (1995). *Modern Sexism: Blatant, Subtle, and Covert Discrimination*. New Jersey: Prentice-Hall.

[50] Berkel, L. A. (2004). A psychometric evaluation of the Sex-Role Egalitarianism Scale with African Americans. *Sex Roles*, 50, 737 –742.

[51] Bigler, R. S. (1999). The use of multicultural curricula and materials to counter racism in children. *Journal of Social Issues*, 55(4), 687 –705.

[52] Blair, I. V. (2002). The malleability of automatic stereotypes and prejudice. *Personality and Social Psychology Review*, 6(3), 242 –261.

[53] Blair, I. V., J. E. Ma & A. P. Lenton (2001). Imagining stereotypes away: the moderation of implicit stereotypes through mental imagery. *Journal of Personality and Social Psychology*, 81(5), 828 –841.

[54] Bluemke, M. & M. Friese (2006). Do features of stimuli influence IAT effects? *Journal of Experimental Social Psychology*, 42(2), 164 –176.

[55] Branscombe, N. R. et al (2002). Intragroup and intergroup evaluation effects on group behavior. *Personality and Social Psychology Bulletin*, 28 (6), 744 –753.

[56] Brewer, M. B. & R. D. Brown (Eds.). (1998). *Intergroup Relations*. New York: McGraw-Hill.

[57] Brigham, J. C. (1971). Ethnic stereotypes. *Psychological Bulletin*, 76, 15 –33.

[58] Brown, J. D. & S. A. Smart (1991). The self and social conduct: linking self-representations to prosocial behavior. *Journal of personality and Social Psychology*, 60, 368 –375.

[59] Brown, Q. P. & E. C. Pinel (2002). Stigma on my mind: Individual differences in the experience of stereotype threat. *Journal of Experimental Social Psychology*, 39, 626 –633.

[60] Bruno, F. J. (1986). *Dictionary of Key Words in Psychology*. Routledge &

K. Paul.

[61] Chu, P. S. (2011). The relationships between social support and three forms of sexism: can social support alleviate the effects of sexism? (Doctor), Kansas State University.

[62] Crandall, C. S. & A. Eshleman (2003). A justification-suppression model of the expression and experience of prejudice. *Psychological Bulletin*, 129(3), 414 - 446.

[63] Crocker, J. (1999). Social stigma and self-esteem: Situational construction of self-worth. *Journal of Experimental Social Psychology*, 35(1), 89 - 107.

[64] Crocker, J. & B. Major (1989). Social stigma and self-esteem: The self-protective properties of stigima. *Psychological Review*, 96, 608 - 630.

[65] Curl, L. S. (2002). Can we reduce our latent prejudice? An examination of the Asian cultural assimilator with the use of the implicit association test. (Doctor), The University of Mississippi.

[66] Currie, E. E. (2010). Intersections: addressing attitudes toward race, gender role and motivation to respond without prejudice. (Doctor), The University of Utah.

[67] Dardenne, B., M. Dumont & T. Bollier (2007). Insidious dangers of benevolent sexism: Consequences for women's performance. *Journal of Personality and Social Psychology*, 93, 764 - 779.

[68] Dasgupta, N. & A. G. Greenwald (2001). On the malleability of automatic attitudes: combating automatic prejudice with images of admired and disliked individuals. *Journal of Personality and Social Psychology*, 81(5), 800 - 814.

[69] Devine, P. G. (1989). Stereotypes and prejudice: their automatic and controlled components. *Journal of Personality and Social Psychology*, 56(1), 5 - 18.

[70] Devine, P. G. & M. J. Monteith (Eds.). (1999). *Automaticity and control in stereotyping*. New York: Guilford Press.

[71] Devine, P. G. et al (2002). The regulation of explicit and implicit race bias: The role of motivations to respond without prejudice. *Journal of Personality and Social Psychology*, 82(5), 835 - 848.

[72] Dovidio, J. F. et al (1996). Stereotyping, prejudice, and discrimination: Another look. *Stereotypes and Stereotyping*, 276, 276 - 319.

[73] Dovidio, J. F. & S. L. Gaertner (1986). *Prejudice, discrimination, and racism.* San Diego: Academic Press.

[74] Dovidio, J. F., K. Kawakami & S. L. Gaertner (2002). Implicit and explicit prejudice and interracial interaction. *Journal of Personality and Social Psychology*, 82(1), 62 - 68.

[75] Dovidio, J. F. et al (1997). On the nature of prejudice: Automatic and controlled processes. *Journal of Experimental Social Psychology*, 33(5), 510 - 540.

[76] Dunton, B. C. & R. H. Fazio (1997). An individual difference measure of motivation to control prejudiced reactions. *Personality and Social Psychology Bulletin*, 23(3), 316 - 326

[77] Eagly, A. H. (1995). The science and politics of comparing women and men. *American Psychologist*, 50, 145 - 158.

[78] Eagly, A. H. & S. J. Karau (1991). Gender and the emergence of leaders: A meta-analysis. *Journal of Personality and Social Psychology*, 60, 685 - 710.

[79] Eagly, A. H. & A. Mladinic (1993). Are people prejudiced againist women? Some answers from research on attitudes, gender stereotypes and judgements of competence. *European Journal of Social Psychology*, 5, 1 - 35.

[80] Etaugh, C. & P. Poertner (1992). Perceptions of women: Influence of performance, marital and parental variables. *Sex Roles*, 26(7/8), 311 - 321.

[81] Fazio, R. H. et al (1995). Variability in automatic activation as an unobtrusive measure of racial attitudes: a bona fide pipeline? *Journal of Personality and Social Psychology*, 69(6), 1014 - 1027.

[82] Fazio, R. H. & M. A. Olson (2003). Implicit measures in social cognition research: Their meaning and uses. *Annual Review of Psychology*, 54, 297 - 327.

[83] Fein, S. & S. J. Spencer (1997). Prejudice as self-image maintenance:

Affirming the self through derogating others. *Journal of Personality and Social Psychology*, 73(1), 31 - 44.

[84] Feldman-Summers, S. & S. B. Kiesler (1974). Those who are number two try harder: The effect of sex on attributions of causality. *Journal of Personality and Social Psychology*, 38, 846 - 855.

[85] Gaertner, S. L. & J. F. Dovidio (1977). The subtlety of White racism, arousal, and helping behavior. *Journal of Personality and Social Psychology*, 35(10), 691 - 707.

[86] Gaertner, S. L. & J. P. McLaughlin (1983). Racial stereotypes: Associations and ascriptions of positive and negative characteristics. *Social Psychology Quarterly*,46(1), 24 - 30.

[87] Glick, P. et al (1997). The two faces of Adam: Ambivalent sexism and polarized attitudes toward women. *Personality and Social Psychology Bulletin*, 23(12),1324 - 1334.

[88] Glick, P. & S. T. Fiske (1996). The ambivalent sexism inventory: Differentiating hostile and benevolent sexism. *Journal of Personality and Social* Psychology, 70, 491 - 512.

[89] Glick, P. & S. T. Fiske (2001). An ambivalent alliance: hostile and benevolent sexism as complementary justificatios for gender ineaquallity. *Amerian Psychologist*, 56(2), 109 - 118.

[90] Glick, P. & S. T. Fiske (2002). Ambivalent responses. *American Psychologist*, 57(6/7), 444 - 446.

[91] Glick, P. et al (2000). Beyond prejudice as simple antipathy: Hostile and benevolent sexism across cultures. *Journal of Personality and Social Psychology*, 79(5), 764 - 775.

[92] Goldberg, P. (1968). Are women prejudiced against women? *Society*, 5 (5), 28 - 30.

[93] Gopaul-McNicol, S. A. (1987). A across-cultural study of the effects of modeling, reinforcement, and color meaning words association on doll preference of black preschool children and white preschool children in New York and Trinidad. Dissertation Abstracts Inernational, 48, 340 - 341.

[94] Greenwald, A. G. & M. R. Banaji (1995). Implicit social cognition: attitudes, self-esteem, and stereotypes. *Psychological Review*, 102(1),

4 - 27.

[95] Greenwald, A. G. & S. D. Farnham (2000). Using the implicit association test to measure self-esteem and self-concept. *Journal of Personality and Social Psychology*, 79(6), 1022 - 1038.

[96] Greenwald, A. G., D. E. McGhee & J. K. Schwartz (1998). Measuring individual differences in implicit cognition: The implicit association test. *Journal of Personality and Social Psychology*, 74(6), 1464 - 1480.

[97] Heilman, M. E. & T. G. Okimoto (2007). Why are women penalized for success at male tasks? The implied communality deficit. *Journal of Applied Psychology*, 92(1), 81 - 92.

[98] Hill, G. (Ed.). (2000). *Advanced Psychology Through Diagrams*. London: Oxford University Press.

[99] Jost, J. T. & M. R. Banaji (1994). The role of stereotyoing in system justification and the production of false-consciousness. *British Journal of Social Psychology*, 33, 1 - 27.

[100] Katz, I. & R. G. Hass (1988). Racial ambivalence and American value conflict: Correlational and priming studies of dual cognitive structures. *Journal of Personality and Social Psychology Bulletin*, 55 (6), 894 - 905.

[101] Kawakami, K. et al (2000). Just say no (to stereotyping): Effects of training in the negation of stereotypic associations on stereotype activation. *Journal of Personality and Social Psychology*, 78(5), 871 - 888.

[102] King, L. A. & D. W. King (1990). Abbreviated measures of sex role egalitarian attitudes. *Sex Roles*, 23, 659 - 673.

[103] Klonis, S. C., E. A. Plant & P. G. Devine (2005). Internal and external motivation to respond without sexism. *Personality and Social Psychology Bulletin*, 31(9), 1237 - 1249.

[104] LeVine, R. A. & D. T. Campbell (Eds.) (1972). *Ethnocentrism: Theories of Conflict, Ethnic, and Group Behavior*. New York: Wiley.

[105] Liang, K. A. (2006). Acculturation, ambivalent sexism, and attitudes toward women who engage in premarital sex among Chinese American

young adults. (Doctor), Alliant International University, Los Angeles.

[106] Linville, P. W., G. W. Fischer & P. Salovey (1989). Perceived distributions of characteristecs of in-group and out-group menbers: Empirical evidence and a computer simulation. *Journal of Personality and Social Psychology*, 57, 165 - 188.

[107] Lowery, B. S., C. D. Hardin & S. Sinclair (2001). Social influence effects on automatic racial prejudice. *Journal of Personality and Social Psychology*, 81, 842 - 855

[108] Lyness, K. S. & M. E. Heilman (2006). When fit is fundamental: performance evaluations and promotions of upper - level female and male managers. *Journal of Applied Psychology*, 91(4), 777 - 785.

[109] Macrae, C. N. et al (1994). Out of mind but back in sight: Stereotypes on the rebound. *Journal of Personality and Social Psychology*, 67, 808 - 817.

[110] Masser, B. M. & D. Abrams (2004). Reinforcing the Glass Ceiling: The Consequences of Hostile Sexism for Female Managerial Candidates. *Sex Roles*, 51, 609 - 615.

[111] McConnell, A. R. & J. M. Leibold (2001). Relations among the Implicit Association Test, discriminatory behavior, and explicit measures of racial attitudes. *Journal of Experimental Social Psychology*, 37(5), 435 - 442.

[112] Myers, D. G. (Ed.) (2005). *Social Psychology*. New York: McGraw-Hill Companies.

[113] Nosek, B. & M. R. Banaji (2001). The go/ no-go association task. *Social Cognition*, 19, 625 - 666.

[114] Oswald, D. (2006). The content and function of gender self-stereotype: an exploratory investigation. *Sex Roles*, 54, 447 - 458.

[115] Pettigrew, T. F. (1997). Generalized intergroup contact effects on prejudice. *Personality and Social Psychology Bulletin*, 23 (2), 174 - 185.

[116] Plant, E. A. & P. G. Devine (1998). Internal and external motivation to respond without prejudice. *Journal of Personality and Social Psychology*, 75(3), 811 - 832.

[117] Pyykkönen, P., J. Hyönä & R. P. van Gompel, (2010). Activating gender stereotypes during online spoken language processing: evidence from Visual World Eye Tracking. *Experimental Psychology*, 57 (2), 126 - 133.

[118] Roese, N. J. & D. W. Jamieson (1993). Twenty years of bogus pipeline research: A critical review and meta-analysis. *Psychological Bulletin*, 114, 364 - 375.

[119] Rudman, L. A. & R. D. Ashmore (2007). Discrimination and the Implicit Association Test. *Group Processes & Intergroup Relations*, 10 (3), 359 - 372.

[120] Rudman, L. A., R. D. Ashmore & M. L. Gary (2001). "Unlearing" automatic biases: The malleability of implicit prejudice and stereotypes. *Journal of Personality and Social Psychology*, 18(5), 856 - 868.

[121] Rudman, L. A. & E. Borgida (1995). The afterglow of construct accessibility: The behavioral consequences of priming men to view women as sexual objects. *Journal of Experimental Social Psychology*, 31 (6), 494 - 517.

[122] Rudman, L. A. & P. Glick (2001). Prescriptive gender stereotypes and backlash toward agentic women. *Journal of Social Issues*, 57 (4), 744 - 762.

[123] Rudman, L. A. & S. E. Kilianski (2000). Implicit and explicit attitudes toward female authority. *Personality and Social Psychology Bulletin*, 26(11), 1315 - 1328.

[124] Rudman, L. A. & S. E. Kilianski (2000). Implicit and explicit attitudes toward female authority. Personality and Social Psychology Bulletin, 26, 1315 - 1330.

[125] Rudman, L. A. & J. E. Phelan (2007). Sex differences, sexism, and sex: The social psychology of gender from past to present. *Advances in Group Processes*, 24, 19 - 45.

[126] Sakalli-Ugurlu, N. & B. Beydogan (2002). Turkish college students attitudes toward women managers: The effects of patriarchy, sexism, and gender differences. *Journal of Psychology*, 136, 647 - 656.

[127] Sax, L. J. ,et al(2002). Faculty research productivity: Exploring the

role of gender and family-related factors. *Research in Higher Education*, 43(4), 424 – 446.

[128] Schein, V. E. (2001). A global look at psychological barriers to women's progress in management. *Journal of Social Issues*, 57 (4), 675 – 688.

[129] Seibt, B. & J. Forster (2004). Stereotype threat and performance: how self-stereotypes influence processing by inducing regulatory foci. *Journal of Personality and Social Psychology*, 87, 38 – 56.

[130] Spence, S. J., C. M. Steel & D. M. Quinn (1999). Stereotype threat and women's math performance. *Journal of Experimental Social Psychology*, 35, 4 – 28.

[131] Steel, C. M. (1997). A threat in the air-how stereotypes shape intellectual identity and performance. American Psychologist, 65 (5), 797 – 811.

[132] Steel, C. M. (1997). A treat in the air: How stereotypes shape intellectual ability and performance. *Amerian Psychologist*, 52 (6), 614 – 629.

[133] Steel, C. M. & J. Aronson (1995). Stereotype threat and the intellectual test performance of African Americans. *Journal of Personality and Social Psychology*, 69, 797 – 811.

[134] Swim, J. K. (1994). Perceived versus meta-analytic effects sizes: An assesment of the accuracy of gender stereotypes. *Journal of Personality and Social Psychology*, 66, 21 – 36.

[135] Swim, J. K. et al (1995). Sexism and racism: old-fashioned and modern prejudices. *Journal of Personality and Social Psychology*, 68 (2), 199 – 214.

[136] Swim, J. K. et al (2001). Everyday sexism: Evidence for its incidence, nature, and psychological impact from three daily diary studies. *Journal of Social Issues*, 57, 31 – 53.

[137] Swim, J. K. et al (2005). Judgments of sexism: A comparison of the subtlety of sexism measures and sources of variability in judgments of sexism. *Psychology of Women Quarterly*, 29(4), 406 – 411.

] Swim, J. K. & L. J. Sanna (1996). He's skilled, she's lucky: A meta-analysis of observers' attributions for women's and men's successes and failures. *Personality and Social Psychology Bulletin*, 22 (5), 507 –519.

[139] Tajifel, H. (Ed.) (1982). *Social Identity and Intergroup Relations*. Cambridge: Cambrige University Press.

[140] Taylor, S. E., L. A. Peplau & D. O. Sears (Eds.) (2006). *Social Psychology*. New York: Pearson Education.

[141] Viki, G. T. N. &D. Abrams (2002). But she was unfaithful: Benevolent sexism and reactions to rape victims who violate traditional gender role expectations. *Sex Roles*, 47(5/6),289 –293.

[142] Wilson, T. D., S. Lindsey & T. Y. Schooler (2000). A model of dual attitudes. *Psychological Review*, 107(1), 101 –126.